致谢

感谢 Jean Zimmer、Alex Dubois、Rebecca Neimark，
谢谢你们在我写这本书期间给予的意见反馈和专业帮助。
赞美你们的才华，能与你们共事，是我的荣幸，也是我的快乐。
感谢 Andy Schecter、Anthony Benda、Mark Winick，
谢谢你们的建议与支持。
我还要感谢研磨机制造商 MPE Chicago 的 Daniel Ephraim，
谢谢你与我分享咖啡研磨领域的专业知识与相关资料。
最后，请容我将谢意献给 Vince Fedele。
Vince 不仅发明了可检验咖啡浓度的仪器 ExtractMoJo（咖啡浓度分析仪），
还指出并修正了《咖啡冲煮控制表》中的错误，
提高了我对设置自动咖啡滴滤机的认知，并教了我无数的技术细节，
让我能正确测量咖啡萃取率。
Vince 对咖啡业的贡献巨大，
却遭遇了来自正当道的精品咖啡业人士的抗拒。
我希望这本书能提高咖啡专业人士的认知，
当你真正看到 Vince 为我们做了什么，
你会由衷地欣赏他。

Everything but Espresso
Professional Coffee Brewing Techniques

专业咖啡师手册 1
手冲、法压和虹吸咖啡的专业制作指导

[美]
斯科特·拉奥
Scott Rao
著

顾晨曦
译

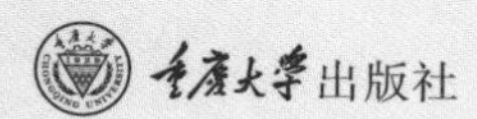
出版社

目录
CONTENTS

前言
PREFACE

※ 入行16年[*]来，我努力让自己保持开放心态，书中所记载的内容是我这16年来反复研究、推敲、品尝和测试的结果。我知道这些结果并不完美，但这些关于咖啡制作的知识和技巧可以协助大家提升自己。

※ 在咖啡业内，最令人沮丧的事儿莫过于：冲煮出一杯“完美”的咖啡，之后却无法复制它。考虑到影响一杯咖啡味道的种种变量，也许真的无法精准地复制。我写这本书的目的在于：抓住关键的变量，厘清它们影响咖啡风味的原因，进而优化它们，让它们协助我们做出一杯好咖啡。

※ 我们做出的每一杯咖啡都是理想咖啡——这一天永远不会到来。所以我的目标是：和大家一起，尽可能多地做好各种准备，做出接近理想的咖啡。

* 本书英文版初版出版于2010年。——译注

本书简介
INTRODUCTION

※ 本书是非加压咖啡的冲煮技术指南。
本书不讨论意式浓缩咖啡，因为相较于咖啡的其他冲煮方式，它的前期准备和萃取原理完全不同。诸君若想深入了解意式浓缩咖啡的科学原理和制作规则，可参阅我的另一本书《专业咖啡师手册 2：意式浓缩、咖啡和茶的专业制作指导》。

※ 本书内容分为三个部分。
第 1 章到第 5 章，介绍萃取率与测量方法，解释如何通过控制萃取率来改善咖啡风味。
第 6 章到第 10 章，阐述如何优化各种咖啡冲煮方式，详细拆解每个步骤。
第 11 章到第 12 章，讲解冲煮用水的化学反应和咖啡熟豆的储藏方法，这是两个经常被忽视的基本因素，但它们的确决定着咖啡萃取的质量。

※ 对于我们这样的重度咖啡爱好者来说，本书的附录提供了咖啡萃取与测量的相关技术细节，参考资料都是关于咖啡学科的出版物，专有名词则是对本书中所使用词汇的定义。

※01 咖啡萃取

INTRODUCTION TO COFFEE EXTRACTION

※ 萃取率和萃取量 Extraction Rate and Quantity

咖啡萃取（Extraction）的发生分为两个阶段。第一阶段，热水接触咖啡粉（coffee grounds），排出气体，同时，热水迅速地冲刷咖啡粉颗粒的表面，带走其中的咖啡固体（coffee solids）。[2] 第二阶段，咖啡豆纤维吸水膨胀，这时热水促使咖啡粉颗粒排放出二氧化碳（CO_2）和挥发性芳香物质（volatile aromatics），同时咖啡固体开始溶解并转移、扩散到周围的液体里。[2]

萃取开始得很迅速，随着咖啡粉可溶性固体被转移出去而逐渐缓慢。图表①展示了典型的萃取曲线。

萃取率受到这些因素的影响（排名的重要性不分先后）：咖啡粉颗粒大小、咖啡浆（slurry）的温度、咖啡浆的浓度梯度、对咖啡浆的搅拌、冲煮水粉比。使用更细的咖啡粉、更高的水温、更大的搅拌力度、更低的水粉比，都能够增加萃取率。[2,4,17] 萃取总量取决于萃取率和接触时间。

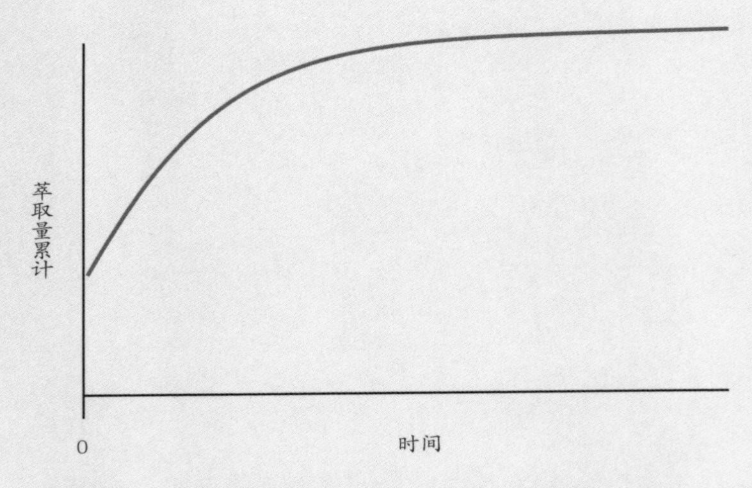

图表①　冲煮开始的瞬间，大约一半的萃取会立刻发生。

※ 萃取质量
Extraction Quality

虽然上述因素会影响萃取率，但是咖啡风味（flavor）的质量与平衡性取决于萃取温度、咖啡粉的粒径分布（particle size distribution）、冲煮用水的化学反应和接触时间。此外，咖啡粉床（coffee bed）不同区域的萃取均匀度对风味也有明显影响。这些都是本书要详细讨论的内容。

总之，以下的因素影响着萃取率：
- 咖啡浆温度
- 咖啡粉粒径*
- 咖啡浆的浓度梯度
- 搅拌
- 水粉比

当目标萃取率确定时，以下因素会影响萃取质量：
- 咖啡浆温度
- 咖啡粉粒径分布*
- 冲煮用水的化学反应
- 接触时间
- 萃取的一致性

* 咖啡粉的平均粒径和粒径分布，都会影响到萃取率和萃取质量；然而，出于方便实际操作的目的，我个人倾向于将咖啡粉平均粒径与萃取率对应，将粒径分布与萃取质量对应。

※ 温度 Temperature

萃取温度比较高时，萃取率也比较高，因为高温状态下，大多数化合物更易溶解于水。温度也会影响风味，因为在不同温度下，各种化合物的相对溶解度也会发生相应的变化。[4] 我的建议是：冲煮用水以高温为好，这样咖啡浆的温度 * 能保持在 91 ~ 94℃。

测量咖啡浆的温度也很重要，不仅仅是在接触咖啡粉之前测量冲煮用水的温度，因为有太多因素存在，它们会导致冲煮过程中的温度远低于冲煮用水的初始温度。举例说明，在手冲或者使用 Chemex 咖啡壶时，大量热能会在冲煮过程中流失到空气里。

此外，冲煮时，咖啡粉和所用的器具（除非能预先预热器具）也会成为散热器，它们会从冲煮用水中吸取热量，导致咖啡浆的温度降低。当咖啡浆的温度低于 91 ~ 94℃这个范围时，咖啡的酸味会增加；[17] 如果高于这个温度范围，又会增加咖啡的苦味、涩味、尖酸，使口感过于尖锐。[4,17]

* 测量咖啡浆温度时，可以使用高速珠探针温度计 (high-speed bead probe thermometer)。由于咖啡浆内部的温度各不相同，因此需要在咖啡浆的几个不同区域分别进行测量，然后计算出平均温度值。

时间：0 秒
萃取缓慢地开始了。

※ 湍流：搅拌与排气 Turbulence: agitation And Outgassing

咖啡冲煮过程中，咖啡粉、水和蒸汽三者之间的无序混沌混合叫作湍流（或扰流，turbulence）。湍流的产生有两个不同来源：外力搅拌咖啡浆，以及咖啡粉颗粒释放出气体。由搅拌引发的湍流，可以加速萃取并提高萃取的均匀性。由排气（或脱气 degassing，outgassing）引发的湍流，对萃取率和萃取均匀度的影响更为复杂。

搅拌

通过一个简单的实验，我们就能证明搅拌（agitation）对萃取的影响。

向钢化玻璃内注入接近沸腾的水，然后缓缓将一个红茶茶包放入水中。注意观察，茶包周围区域的水会慢慢转为深色，而距离茶包较远的区域则水色较浅。上下提拉几次茶包，会看到整杯水的颜色都迅速转成深色，且整体水色均匀。这个

时间：5 秒
可溶物质开始缓慢地向四周扩散。

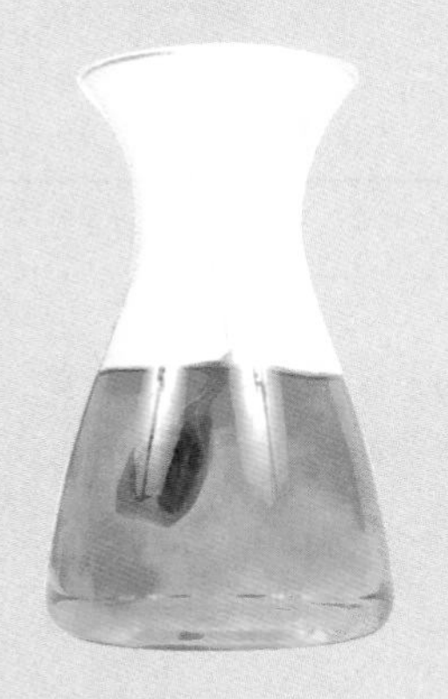

时间：8 秒
3 秒钟的搅拌之后，萃取与扩散明显加速了。

时间：15 秒
可溶性固体更均匀地扩散到整个容器的水中。

实验让我们看到：搅拌加速萃取，将可溶性固体扩散到整杯液体中。

无论是冲煮咖啡还是茶叶，搅拌都能加速萃取，并快速增加浓度梯度。请把搅拌设定在冲煮过程中的同一时刻进行，并且搅拌动作要简单、易复制，这样能确保萃取的一致性。举例说明，相较于快速搅拌三圈，更容易复制的动作显然是：在每次冲煮的某个固定时间段，缓慢地搅拌一圈。如果搅拌的时间或力度不一致，都可能会对萃取产生不可预测的影响。

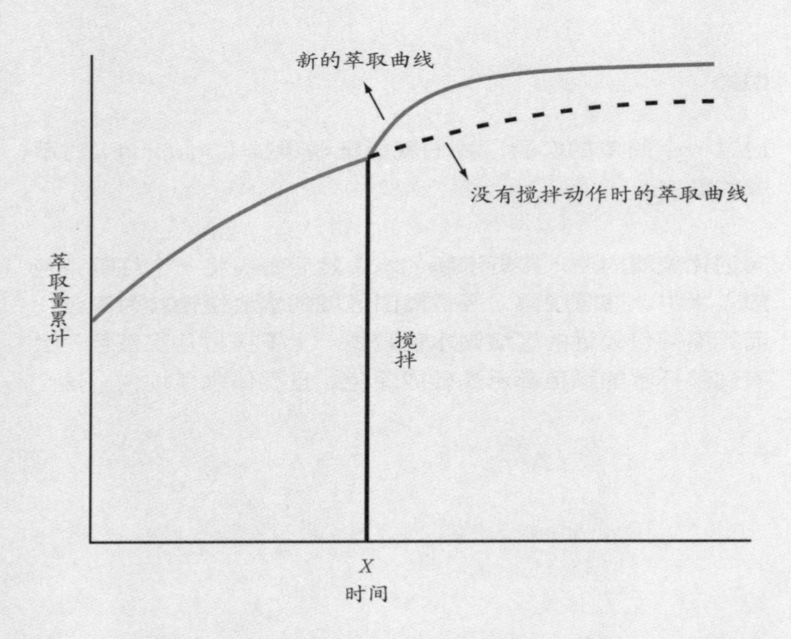

图表② 在 X 时刻开始搅拌的萃取曲线

以下搅拌方式能加速萃取：

- 搅拌咖啡浆
- 手冲咖啡时，来自注水喷头的注水带着水压落在咖啡粉床上
- 上下按压法压壶的滤网
- 使用真空虹吸壶时，在浸泡阶段，气泡从下壶进入上壶

控制得当的话，搅拌能提升萃取均匀度。以下是通过搅拌来提高萃取均匀度的常用做法：

- 使用法压壶或者真空虹吸壶时，通过搅拌让发泡层（bloom）处于湿润状态，这样能确保所有咖啡粉都浸润在咖啡浆之中，避免少部分咖啡粉因为漂浮在发泡层顶端而减少了与冲煮液体的接触。
- 手冲或者使用 Chemex 咖啡壶时，对咖啡浆进行搅拌，避免出现高挂风干咖啡粉（high-and-dry grounds，即粘在滤杯杯壁高处的咖啡粉）。在流降（drawdown）过程中，高挂风干咖啡粉比位于滤杯下部的咖啡粉的萃取率低，因为它们经历的扰流较少，与液体接触时间也较少。
- 手冲或者使用 Chemex 咖啡壶时，当有足够的水浸润咖啡粉（水粉比为：1 克咖啡粉，2 ~ 3 克水）时，立即进行搅拌。这种“预融合”性质的搅拌的益处在于：让所有的咖啡粉几乎在同一时刻得到浸润，使咖啡粉床的所有区域几乎在同一时刻开始萃取。
- 使用自动滴滤咖啡机时，在冲煮中途开始搅拌咖啡浆。这样的搅拌能再度平衡咖啡浆浓度梯度，避免咖啡粉床上部的萃取率高于底部。

- 使用真空虹吸壶或者浸泡式滤杯冲煮法时，在流降阶段开始之前进行搅拌。这样的搅拌能防止通道效应（channeling），并改善流降时阻力的不一致。

手冲咖啡或者使用其他开放式咖啡冲煮器皿时，搅拌能快速地为咖啡浆降温。剧烈搅拌时，咖啡浆的温度下降高达每秒0.5℃。搅拌须审慎，同时，在准备冲煮用水时，也请把搅拌带来的降温效果考虑在内。为了让咖啡浆达到目标温度，可以在剧烈搅拌时搭配使用更高温的冲煮用水；同理，以较低温的水搭配较为平和的搅拌。

排气

咖啡豆的内部是多孔的蜂巢状结构，由形状不规则的腔室组成。[5] 腔室壁是纤维构成的，内含可溶性固体和油脂。腔室内包含处于加压状态的二氧化碳和挥发性芳香物质*。

研磨咖啡豆时，有一些（非全部）腔室释放出挥发性芳香物质和二氧化碳。研究显示，在研磨后的 5 分钟，咖啡豆中接近 50% 的二氧化碳会被排出。[7] 当热水接触咖啡粉时，剩余的二氧化碳会继续排出。因为在 1 个大气压（标准大气压）之下，二氧化碳不溶于热水。排出的二氧化碳与咖啡粉、液体混合形成扰流，同时，在咖啡浆顶部形成隆起的发泡层。

使用自动滴滤咖啡机时，在渗滤（percolation）过程中，排气带动的扰流可以改善萃取的均匀度，原因如下：

* 实验显示，咖啡熟豆中 87% 的气体是二氧化碳，挥发性芳香物质占比为 13%。

- 对咖啡颗粒的分离和扬起[4]
- 为注水喷头提供移动靶子，避免注水集中在咖啡粉床的某些区域，导致部分区域被过度萃取
- 让咖啡粉床的浓度梯度更为均匀

使用法压壶时，二氧化碳的释放有可能会增加萃取不均的概率。这是因为大量的二氧化碳会产生较大的发泡层，于是，位于发泡层顶部的咖啡粉接触冲煮液体的概率变小，这导致（在没有搅拌的情况下）相较于发泡层下部或者咖啡粉床底部的萃取，发泡层顶部的萃取率会低很多。

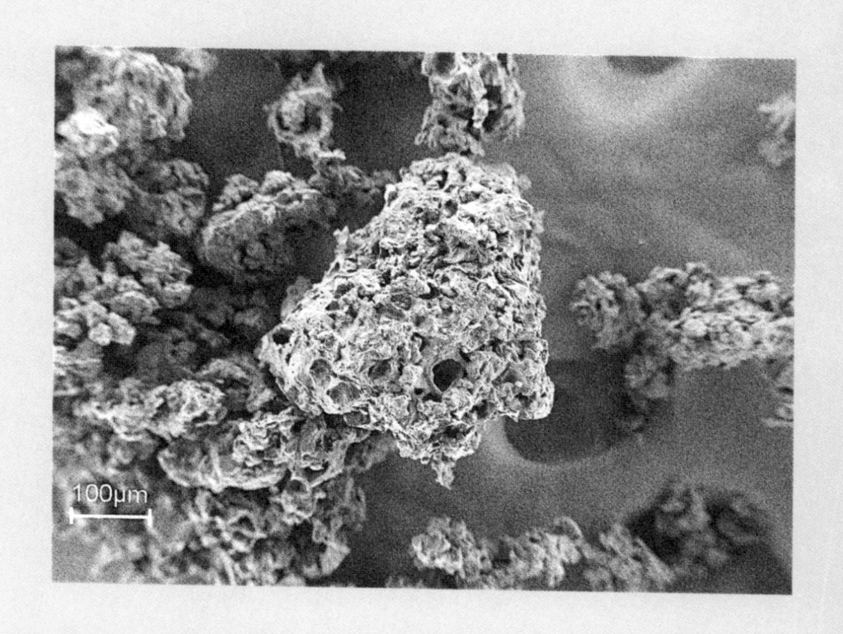

放大 100 倍后的咖啡粉。
多谢来自美国南达科他州理工学院（SDSM&T）的 John Weiss 和 Ed Duke 提供此图。多谢来自 home-barista 网站的 Dan Kehn 同意我在书中使用此图。这张图最早出现在 home-barista 网站。

※02 研磨
GRINDING

研磨是将咖啡豆磨碎成无数细小颗粒。研磨的主要目的在于：增加颗粒暴露于冲煮液体中的表面积，促进可溶性固体的萃取。

※ 研磨尺寸与接触时间 Grind Size and Contact Time

颗粒研磨越细小，颗粒的比表面积（specific surface area）越大，从而加快了咖啡可溶解性固体（dissovled solids）的萃取。因此，当要达到特定的萃取率时，相较于较粗的咖啡粉，较细的咖啡粉与冲煮液体的接触时间较短。

※ 粒径分布 Particle Size Distribution

因为咖啡豆的内部结构不规则，加之研磨时咖啡豆各部分受力不均，所以，研磨出来的咖啡粉也是大小形状各不相同。在常规的咖啡粉的粒径分布模式中，大部分咖啡粉的粒径分布范围狭窄，颗粒尺寸在研磨刻度（grind setting）设定的范围之内。同时，还有一小部分大颗粒的咖啡粉，虽然数量少，但单个质量较大，它们被称为粗粉（boulders）。与之相对，细粉（fines）是指那些颗粒细小的咖啡粉，它们数量庞大，但单个质量比较小。

咖啡粉的粒径分布范围越窄，对咖啡粉颗粒的萃取就越均匀。若粒径分布范围太广，则会出现大量细小颗粒中混杂粗大颗粒的情况，那么，冲煮出来的咖啡中，既有因萃取过度而产生的苦味，也有因萃取不足而出现的尖酸的口感或花生味、青草味。

能产出粒径分布范围狭窄的咖啡粉的研磨机，需具备以下要素：

- 磨盘（或刀盘，burrs）锐利
- 磨盘直径较长
- 研磨时产生的热能较少
- 多个研磨阶段［例如配备了两到三对顺序递进的滚轴的辊磨机（roller mill）］

※ 细粉 Fines

细粉经由研磨产生，它是微小的细胞壁碎片（即没有完整细胞的咖啡颗粒）。咖啡熟豆的细胞平均直径为 20 ～ 50 微米，细胞壁平均厚度为 5 ～ 10 微米，[5] 直径小于 50 微米的颗粒罕有完整的细胞。基于此，我认为将直径小于 50 微米的颗粒视为细粒，这是一个合理的标准。

制作意式浓缩咖啡时，细粉在决定萃取率、渗滤速度和醇厚度（body）方面起着重要作用。此外，如果冲煮液体将过多的细粉拖带至咖啡粉床底部（即细粉迁移，fines migration），这时细粉会形成致密层（dense layer），堵塞滤杯上的滤孔，进而破坏渗滤的流动。

当用手冲或其他非加压方式冲煮咖啡时，细粉对咖啡醇厚度有着重大影响，却又不能提供足够的可溶性固体。和意式浓缩咖啡的渗滤阶段一样，细粉会影响，甚至破坏非加压的渗滤的进行。如果细粉过多就会迁移到咖啡粉床底部，堵塞滤杯的滤孔，拖缓对咖啡粉床的萃取。此外，钝化的磨盘会制造出更高比例的细粉，所以如果自动滴滤咖啡机的磨盘不够

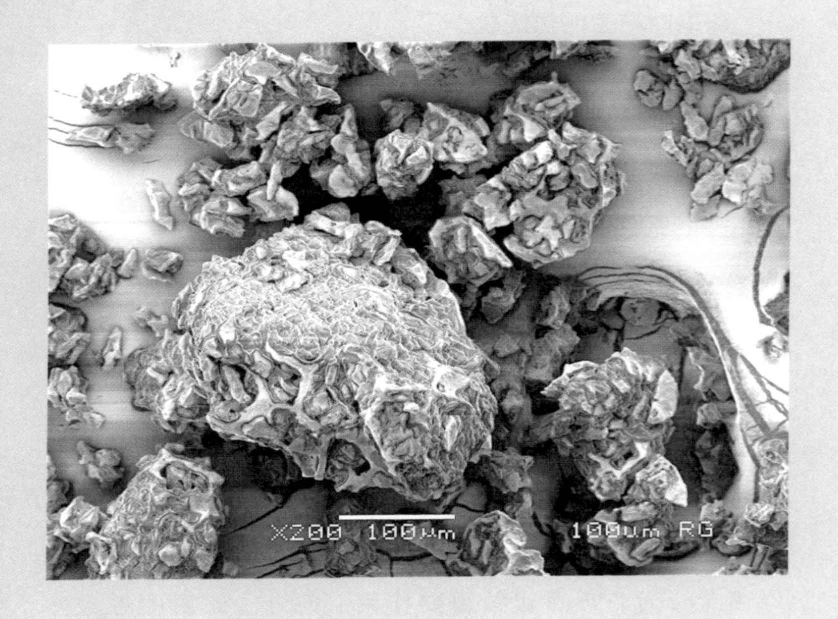

放大 200 倍后的咖啡粉。请注意，微小颗粒数量众多。感谢 MPE Chicago 慷慨提供此图。

锋利时，冲煮的接触时间就会延长。

很多咖啡业内人士认为，使用手冲或法压壶时，过多的细粉会让咖啡变得很苦。虽然对于意式浓缩咖啡而言，细粉造成的苦味能直观感知，但细粉对非加压式萃取方法而言，口感上的影响并不大。使用非加压式萃取方法时，如果研磨刻度设定为粗或中等，细粉大约会占总重量的 2% ~ 4%。占比如此之低，假设萃取率不高的话，那么这时苦味可能是由咖啡粉的粒径分布范围较广所致的。

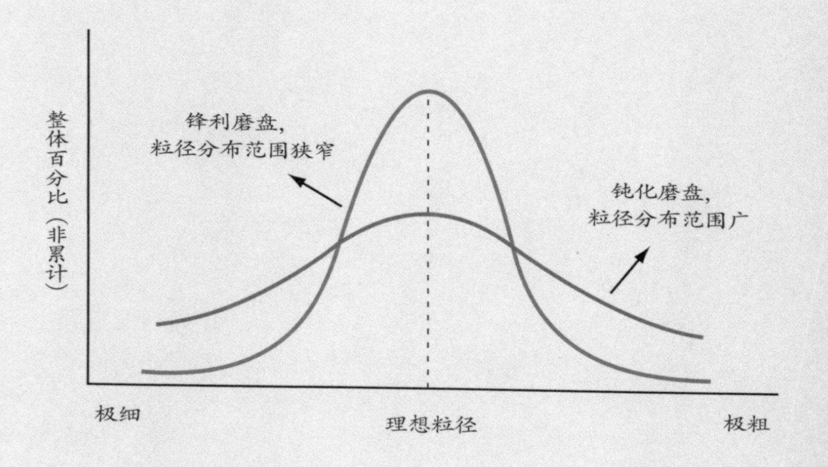

图表③　本图表有略微修改，感谢 MPE Chicago 慷慨提供本图表。

※03 滤杯、细粉和风味纯净度

FILTERS, FINES, AND FLAVOR CLARITY

一杯咖啡的味道（taste）、香气（aroma）和醇厚度来源于不同类型的化合物：

- 可溶解性固体决定咖啡的味道。
- 挥发性芳香物质提供咖啡的香气。
- 悬浮于咖啡中的不可溶性固体（insoluble material，细粉和油脂），创造出咖啡的醇厚度和口感（mouthfeel）。[4]
- 咖啡油脂居次要地位，为咖啡提供风味并降低酸度（acidity）。

一杯咖啡冲煮完成后，悬浮于其中的细粉与油脂形成冲煮胶质（brew colloids）。冲煮胶质的浓度越高，咖啡的风味纯净度（flavor clarity）越低。故而对咖啡而言，醇厚度与风味纯净度之间存在一种平衡关系。

一杯咖啡的醇厚度与风味纯净度是否平衡，有以下四个影响因素：

① 咖啡粉中的细粉比例
大多数情况下，咖啡粉床中细粉比例越高，冲煮出来的咖啡醇厚度越高*。

② 冲煮方式
不同的冲煮方法，会在咖啡粉床中捕获不同比例的不可溶性固体。咖啡粉床保留下来的不可溶性固体越多，流向咖啡中的就越少，咖啡的醇厚度就随之降低，但同时，风味纯净度会增加。以下是三个示范案例：

- 真空虹吸壶（也称为塞风壶）。这种冲煮方式会将高

* 例外情况也是有的，比如当细粉过多以致堵塞了过滤器，阻挡了流通路径，催生出通道效应。

比例的不可溶性固体留在咖啡粉床中。原因在于：大量不可溶性固体悬浮在咖啡浆顶部的发泡层，而咖啡滤液是从咖啡粉床的底部流出的。如此一来咖啡得到了“澄清”，但也让这种冲煮方式的重要性日益降低，当然，这种方式也不会因此消失。

- 手冲咖啡。在这种冲煮过程中，冲煮用水渗滤穿过咖啡粉床后，会留下适当比例的细粉与油脂。
- 法压壶等浸泡式冲煮法（immersion brew）。这类冲煮方式让冲煮好的咖啡能拥有比例最高的油脂与细粉。** 因为过滤器是多孔的，所以大量不可溶性固体得以穿过。

③ 冲煮强度

通常而言，冲煮强度越低，咖啡的醇厚度越低，风味纯净度则越高。然而，如果冲煮强度太低，那么风味则几近消失，近乎无法察觉。

④ 过滤器的孔隙率

大多数情况下，过滤器的孔隙率（porosity）对于咖啡的风味纯净度与醇厚度的平衡起着决定性作用。过滤器的孔隙越大，最后进入咖啡中的不可溶性固体比例就越大。图表④描绘了各种不同冲煮方式与其使用的过滤器的组合，它们会使得咖啡的风味纯净度与醇厚度落在光谱图的何处。

** 研究显示，相较于使用了滤纸的手冲咖啡，法压壶冲煮出来的咖啡的油脂含量是前者的 30 ~ 100 倍。使用金属质地的滤网时，咖啡的油脂含量居于上述两者之间。

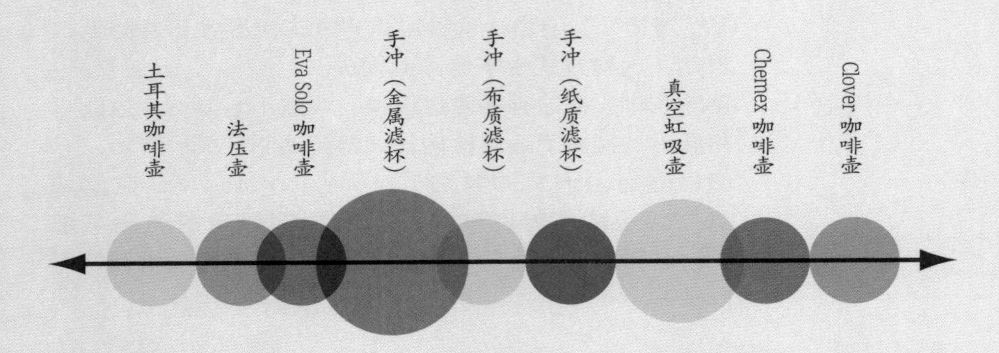

图表④
风味纯净度与醇厚度光谱图。
光谱上的每个圆圈，各自代表一种冲煮方式所达到的风味纯净度与醇厚度的平衡。圆圈越大，代表这种冲煮方式使用的过滤器的孔隙率越大。举例说明，法压壶有较高的醇厚度，较低的风味纯净度。Chemex 咖啡壶则风味纯净度高，醇厚度低。

以下实验是为了说明冲煮方式和过滤器的种类是如何影响咖啡风味纯净度与醇厚度之间的平衡的。

① 先用法压壶冲煮咖啡。再用自动滴滤咖啡机制作咖啡，采用与前者相同的研磨刻度、水粉比，以及相同的萃取率与冲煮强度。

② 倒出法压壶内的咖啡。

③ 搅拌已经倒出来的法压壶咖啡，将其中的一半倒入装有滤纸的滤杯中，做出第三杯咖啡。

④ 品尝并比较法压壶咖啡、自动滴滤咖啡机咖啡、经过滤纸过滤的法压壶咖啡。

三杯咖啡中，风味纯净度最低且醇厚度最高的是法压壶咖啡（没有经过滤纸过滤的），风味纯净度与醇厚度都适中的是那杯经过滤纸过滤的法压壶咖啡，因为滤纸截留了部分不可溶性固体。自动滴滤咖啡机咖啡拥有最高风味纯净度与最低醇厚度，因为咖啡粉床和滤纸都截留了一部分不可溶性固体。

※04 咖啡冲煮控制表

THE COFFEE BREWING CONTROL CHART

在20世纪60年代，咖啡冲煮协会（Coffee Brewing Institute，后改名为咖啡冲煮研究中心 Coffee Brewing Center）推出了《咖啡冲煮控制表》（Coffee Brewing Control Chart）。

※ 最初的控制表 The Original Chart

最初的《咖啡冲煮控制表》，数据基础来自化学家 Ernest E. Lockhart 主持的研究，并经过了美国咖啡协会（National Coffee Association）的测试。研究针对美国大众对咖啡的喜好，调查了大众对咖啡风味和冲煮强度（咖啡中不可溶物质的比重，即溶解固体总量 TDS，total dissolved solids）的偏好。后来，美国的中西部研究所对图表做出修正，现在美国精品咖啡协会（Specialty Coffee Association of America ，SCAA）所使用的就是这个修正版。

调查显示，绝大多数美国人喜欢的咖啡，冲煮强度为1.15% ~ 1.35%，萃取率为18% ~ 22%。来自咖啡产业的其他协会的冲煮建议也基本相同。举例说明，挪威咖啡协会（Norwegian Coffee Association）建议的萃取率是18% ~ 22%，冲煮强度是1.30% ~ 1.55%。欧洲精品咖啡协会（Specialty Coffee Association of Europe ，SCAE) 建议的萃取率是18% ~ 22%，冲煮强度是1.2% ~ 1.45%。

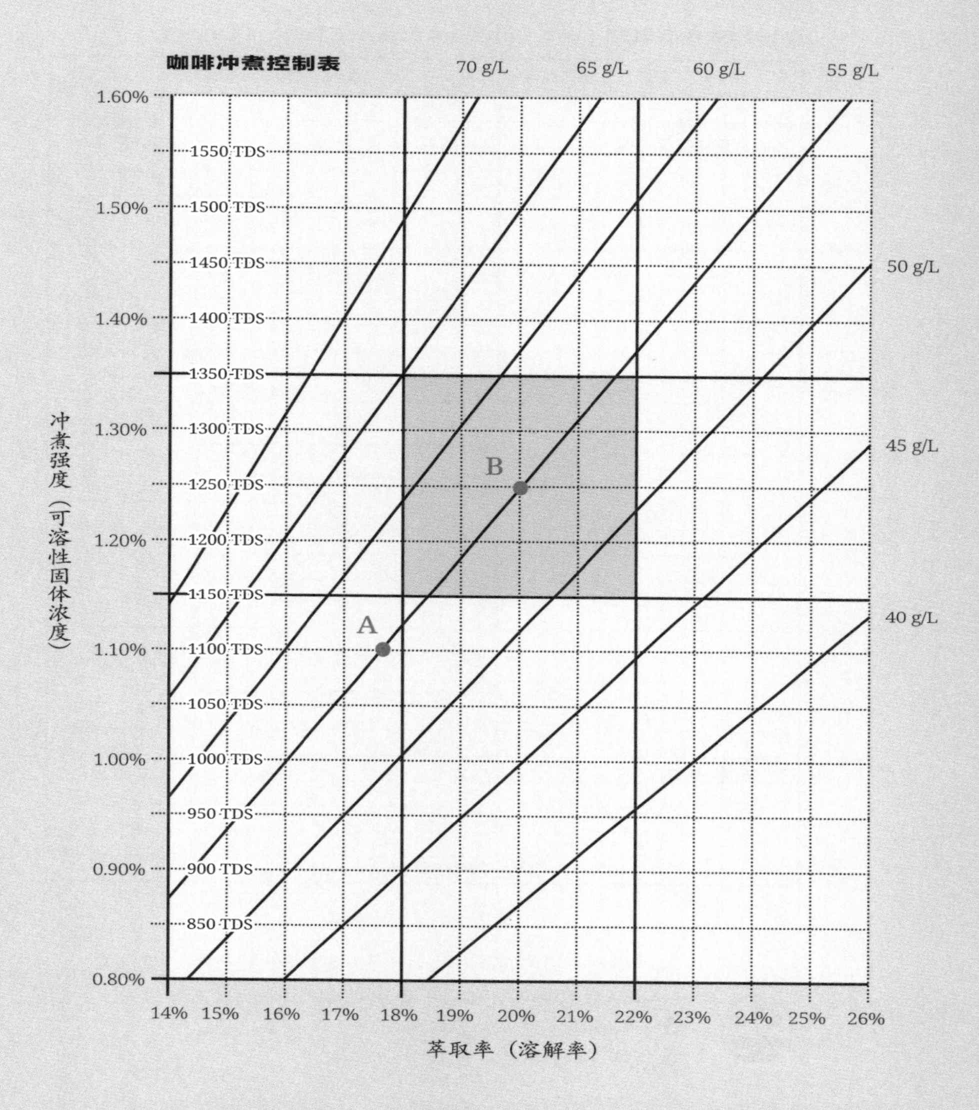

图表⑤ 使用方法：先测量冲煮强度（见下一章节），横线代表冲煮强度，斜线代表冲煮公式（水粉比），沿着横线找到它与斜线的交叉点。从交叉点开始，垂直向下抵达底部横轴，就能找到对应的萃取率。

如果你已经对萃取率与冲煮强度有了目标，可以通过图表找到两者的交叉点，进而找到符合理想目标的冲煮公式。然后，按照冲煮公式开始冲煮咖啡，并将结果画在图表上。如果希望代表冲煮公式（水粉比）的斜线朝右上角移动，那就将研磨刻度调细。如果希望代表冲煮公式（水粉比）的斜线朝左下角移动，那就将研磨刻度调粗。

需要注意的是，这个表中的TDS数据是错误的（举例说明，1.20% 应该是 12000TDS，而不是1200TDS）。如果您对这个图表的使用技术细节感兴趣，或好奇于错误图表会带来的错误，请参阅本书附录中“咖啡冲煮控制表的错误”章节。

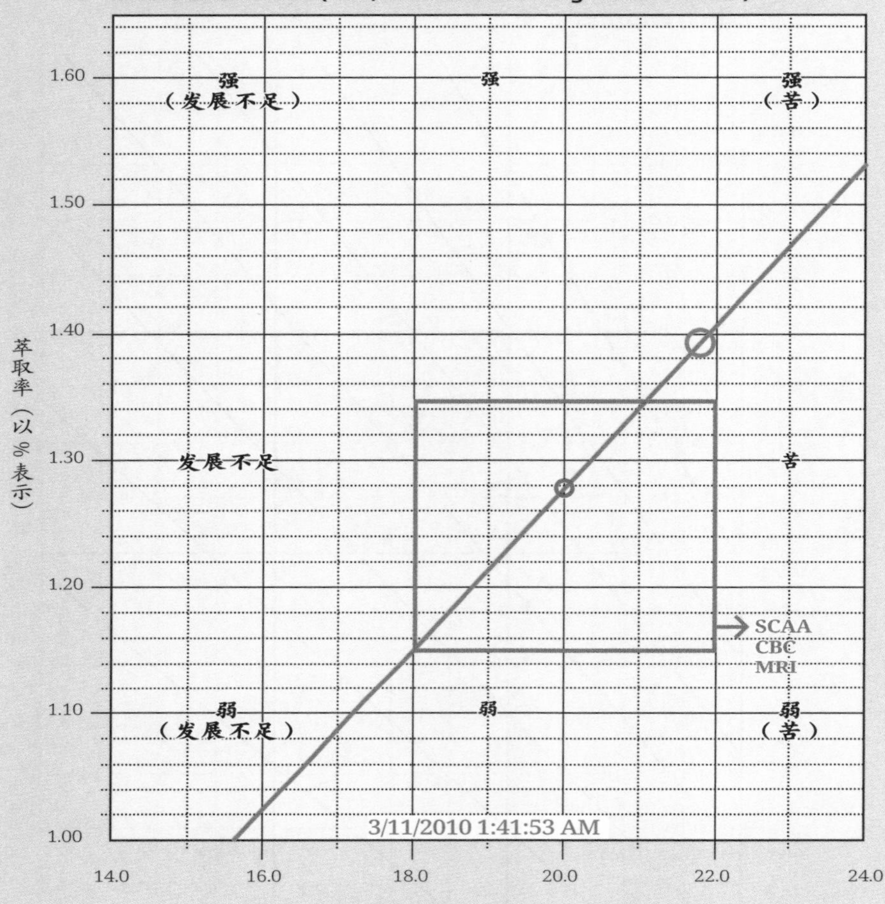

— 水粉比 17.42，1000.00 毫升水 @201F, 55.24 克咖啡粉
⊖ 目标 TDS 1.28%，萃取率 20.0%
⊖ 实际 TDS 1.39%，萃取率 21.74%

图表⑥　水粉比（即冲煮公式）

使用计量单位会令人困扰，比如“55 克 / 升”，所以 Vince Fedele 摒弃了它们，取而代之的是使用多用途且无单位的格式“17.42 ： 1”。这个格式代表着水的重量是咖啡粉重量的 17.42 倍。这个格式让我们在使用此表时不用考虑咖啡冲泡量，以及测量咖啡粉与水时所用的任何单位。请注意，Fedele 使用的是水粉比（水：咖啡粉），传统方式是倒过来的粉水比（咖啡粉：水）。

一旦理想的萃取率和冲煮强度的标准得到确认，就可以推导出同时满足这两个理想标准的冲煮公式（brewing formulas，即冲煮水粉比 brewing ratios）。咖啡冲煮控制表就是用图表形式展示出萃取率、冲煮强度、水粉比三者之间的关系。

※ 咖啡浓度分析仪 ExtractMoJo

很多年来，咖啡专业人士一直使用电导率计（conductivity meters）来测试冲煮好的咖啡的冲煮强度。遗憾的是，它在测试咖啡的可溶性固体时，准确度并不尽如人意。

2008 年，萃取率测量技术的革命性突破出现了，Vince Fedele 发明了咖啡浓度分析仪 ExtractMoJo。咖啡浓度分析仪 ExtractMoJo 结合国际咖啡冲煮控制表（Universal Coffee Brewing Control Chart）和咖啡浓度计（refract meter，即折射仪），校准了咖啡冲煮强度的测量。借助咖啡浓度分析仪 ExtractMoJo，Fedele 先生优雅地解决了如下问题：测

咖啡浓度分析仪 ExtractMoJo 经过了温度补偿和校准，可用于测量咖啡浓度，是咖啡馆最有用的测量诊断工具。

量设备不准确、转换测量单位可能产生的误差（见本书附录），还有需要为不同冲煮量、冲煮公式和测量单位建立单独图表的不便*。

现在，对任何一间咖啡店而言，如果已经投资高品质设备和精品咖啡豆的话，那么使用咖啡浓度分析仪 ExtractMoJo 是必然且明智的选择，它对建立并维持本店冲煮标准至关重要。在我的咖啡馆里，我每周都要用咖啡浓度分析仪 ExtractMoJo 测试每种冲煮方式的萃取强度和萃取率。这样定期测量冲煮强度以确定萃取率，除了能确保稳定地冲煮出理想风味，还有诸多额外的好处，例如：

① 在更换或移动过研磨机的磨盘之后，快速校准。
② 有效地量化不同温度和搅拌方式对萃取程度的影响。
③ 当自动滴滤咖啡机因为使用久了而逐渐消耗越来越多的冲煮用水时，能及时发现。
④ 评估研磨机的磨盘的使用状态，在磨盘逐渐钝化时能定期校正磨盘刻度。
⑤ 确保店内员工在无论使用何种冲煮方式时都能取得稳定的萃取率，进而维护本店的冲煮标准。

※ 如何微调你的咖啡冲煮
How to Fine-Tune Your Coffee Making

* 免责声明：本人与咖啡浓度分析仪 ExtractMoJo 的销售没有任何经济利益关系。

我建议从水粉比 17 ：1 开始，咖啡粉与水的计量单位都采用重量单位。换言之，每 1 克咖啡粉使用 17 克水。萃取咖啡时，确保咖啡粉床的所有区域得到均匀的萃取，萃取时咖啡浆的温度保持在 91 ~ 94℃。调整研磨刻度和冲煮接触时间，使得冲煮强度达到 1.25% ~ 1.30%，萃取率达到 19% ~ 20%*。冲煮结束后，品尝咖啡，将此设为基准。日后你也许会发现自己更喜欢其他的萃取率与冲煮强度，但现下这个结果就总体而言，更为接近理想咖啡，能满足大众的味蕾。

接下来，尝试让每次冲煮的结果都能稳定地处于上述数据范围内。你会惊讶地发现，这很难，尤其是要确保无论使用何种冲煮方式都能保持稳定性。对咖啡师们来讲，这样的反复实验是有利无害的，可以让咖啡师们更熟悉萃取率与冲煮强度这些早已建立的标准，进而尝试更多，比如用更高的水粉比冲煮出冲煮强度高，但萃取不足的咖啡。

※ 没有图表时，如何计算萃取率 How to Calculate Extraction Without a Chart

计算出萃取率，需要以下三个数据：

- 冲煮强度（即 TDS）
- 咖啡干重
- 咖啡液重

* 当水粉比是 17 ：1 时，萃取率为 19% 对应冲煮强度 1.25%，萃取率为 20% 对应冲煮强度 1.32%。

一旦掌握上述三个数据，就可通过以下两个步骤计算出萃取率（参见图表⑦）。

举例说明，我用 22 克咖啡粉做手冲咖啡，咖啡液重为 322 克，TDS 为 1.3%，那么萃取率就是 19%，见图表⑧。

※ 数据控？
Numbers Obsessed?

我也知道，我热衷于孜孜不倦地对咖啡萃取进行严谨客观的数据测量，而许多咖啡专业人士对此，仅是想想就敬而远之。无论何时何地，口味都是很主观的判断，若试图客观评估它，自然会遇到反感与反对。

正是基于此，我想要强调的是：客观的数据测量只是一种辅助工具，而不是用数字代替口味。进一步来讲，通过日常记录萃取率与冲煮强度，即便不能提升咖啡品质，咖啡师也能提升成果的稳定性（虽然我不理解，为何这样做之后竟然无法改善咖啡品质）。

TDS % × 咖啡液重（完成冲煮的咖啡液体总重）= 萃取重量
萃取率 % = $\frac{\text{萃取重量}}{\text{咖啡干重}}$

图表⑦

1.3% × 322 克 =4.186 克
$\frac{\text{4.186 克}}{\text{22 克}}$ = 19%

图表⑧

最后我想说的是，萃取率与风味之间具有关联性，它们的关系是公认的。无论你喜欢什么样的咖啡风味，如果萃取率总是变化，就不可能稳定地重现自己喜欢的风味。所以，即便你不认同客观数据测量的价值，我依然希望你能尝试打开自己，而你的专业精神会带你来尝试的。

※ 萃取率与味道 Extraction Yield and Taste

就可溶性化合物而言，颗粒较小的比较大的溶解得快。因此，低萃取率的咖啡，它的风味主要来自较小的可溶性化合物。当萃取持续进行，较大的可溶性化合物开始贡献出更多的风味。这个萃取发展过程解释了不同萃取率导致不同风味的主要原因。

- 低萃取率的咖啡味道上突出了锐利感，有水果味、花生味和青草味。
- 当萃取持续进行，味道会更为醇香圆润，更成熟的水果味和焦糖的甜味会出现。
- 当萃取率超过 22%（或者更低的萃取率，如果咖啡粉床的萃取不均匀），苦味与涩味会急剧增加。

※ 增加剂量
Updosing

一直到 20 世纪 90 年代晚期，北美地区的咖啡馆除了提供意式浓缩咖啡之外，只提供自动滴滤机和法压壶这两种冲煮法冲煮的咖啡，好一些的咖啡馆基本都采用 16 ： 1 ～ 18 ： 1 的水粉比。无独有偶，现在越来越流行的 Clover® 咖啡机、真空虹吸壶、手冲咖啡也是趋向高粉水比（即用水量相同，增加咖啡粉用量）。采用这类水粉比就叫作增加剂量（updosing）。

自动滴滤机和法压壶的优点突出，它们不需要咖啡师展现很多技术，就能提供萃取均匀度惊人地一致的咖啡。最近流行起来的冲煮方式则需要咖啡师具有更高的技术，才能达到萃取均匀度的一致，于是，咖啡师们开始倾向于增加咖啡粉的用量。为了弥补萃取不均造成的问题，咖啡师们采用了增加粉水比的方式，于是制作出来的咖啡的冲煮强度合理，但是萃取率极低。因为咖啡粉床萃取不均匀，有些区域的萃取率高于平均值，有些区域则萃取不足。咖啡师之所以要拉低萃取平均值，是为了制造出这样一杯咖啡：它因过度萃取产生的味道少一点，因萃取不足产生的味道能够多一点。偏向萃取不足是比较安全的做法，因为人们更乐于接受因为萃取不足而带来的青草味、花生味和锐利口感，人们不喜欢过度萃取带来的苦味。如果能对咖啡粉床进行均匀的萃取，就能避免萃取过度带来的苦味与涩味，达到较高的萃取率。萃取不足至少有一个优点，它可以部分弥补某些烘焙缺陷。举例说明，对于烘焙过度或乏味的咖啡豆，可以通过萃取不足来强化咖啡的酸度；它也能将因为烘焙发展不足（即咖啡豆中心熟度不够）而出现的植蔬味（vegetal）降低或变淡。

虽然增加剂量和萃取不足有其用武之地——在一定程度上补救品质不佳的烘焙或萃取，但是，我的建议是从源头解决问题，而不是浪费咖啡粉。

※ 什么是理想的萃取率？ What is the Ideal Extraction Yield?

各个咖啡行业协会建议的萃取率都是 18% ～ 22%。我个人偏好 19% ～ 20% 的萃取率。虽然我的个人口味恰巧吻合了业内标准，但这并不代表我希望读者们有这种想法：“因为斯科特·拉奥这样说，所以我一定要冲煮出萃取率 19% ～ 20% 的咖啡。”

口味是很主观的判断。我们都有自己独特的咖啡风味偏好。此外，冲煮温度、咖啡粉的粒径分布、烘焙品质、萃取均匀度以及其他因素，都会影响我们的对咖啡萃取率的偏好。

我写这本书的目的在于：介绍业内公认的标准，为诸位提供方法，让大家冲煮咖啡时能达到萃取的稳定性与一致性，同时，教会大家如何测量数据，进而调整和改善萃取率。我诚挚地希望通过书中的这些内容，你能准确地做出你想要的咖啡。

※ 萃取均匀度 Extraction Uniformity

有些咖啡业内人士认为，萃取不均匀是提高咖啡“复杂性”的一种手段。尽管不均匀的萃取可能会增加复杂性（这事儿仍有争议），但这种潜在的好处几乎总是被副作用所掩盖，因为它会增加苦味、降低甜味。

研磨总会产生大小不同的颗粒，这些不同大小的颗粒会经历不同程度的萃取。这种不同程度的萃取是每次冲煮都固有的现象，因此每次冲煮都有其复杂性。鉴于微观层面（咖啡颗粒）上的萃取已然不均，我的建议是：在宏观层面（咖啡粉床）上优化均匀度。* 这种方法与 19% ～ 20% 的萃取率结合，能将甜味最大化，将苦味最小化。

* 如何在宏观上增加萃取均匀度的技术讨论，请参看第 5 章到第 10 章。

※05 解读咖啡渣

READING THE SHAPE OF SPENT GROUNDS

对每种渗滤式咖啡冲煮方法（比如手冲、虹吸等）而言，检查冲煮完成后的咖啡粉床，也就是咖啡渣的形状，都是辨别流降阶段的流动均匀性的重要指标。咖啡渣的形状可以告诉我们：是否有通道效应，以及流降时偏好的流动路径。*需要注意的是，看起来形状良好的咖啡渣并不一定代表均匀的萃取，它仅是表明：流降过程中，出现最佳萃取的概率增加了。咖啡渣形状良好却又萃取不均匀，究其原因，问题可能出在冲煮初期，涉嫌因素包括搅拌不均、浓度梯度不均或初期的浸润不均。

解读咖啡渣最著名的例子是：在完成意式浓缩咖啡冲煮后，检查留在冲煮把手（portafilter）里的咖啡饼。许多咖啡师都知道，如果咖啡饼有凹陷或边缘潮湿，那就说明发生过通道效应。同理，任何一种渗滤式冲煮法留下的咖啡渣，只要出现陷落区，就说明发生过通道效应。

当然，也有很多咖啡师和消费者喜欢冲煮过程中发生过通道效应的咖啡。我想要讨论的重点不是个人的喜好，而是，在特定的萃取程度之下，当萃取更为均匀时，咖啡也会更美味。

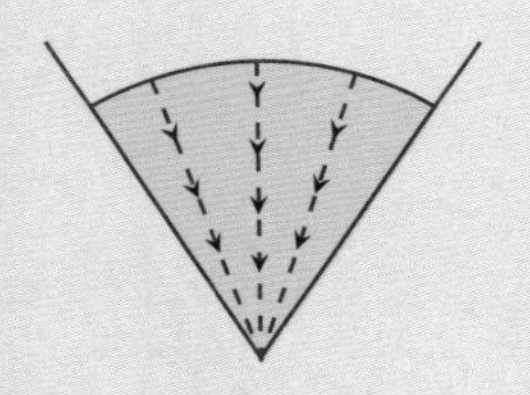

锥形滤杯
Chemex 咖啡壶

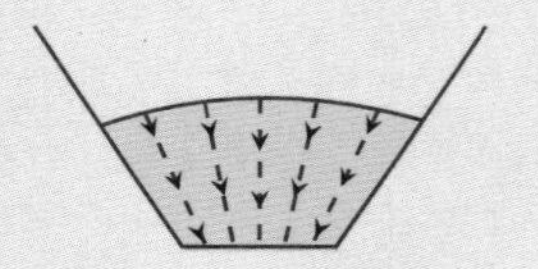

扇形滤杯
大多数真空虹吸壶
与 Melitta 牌滤杯

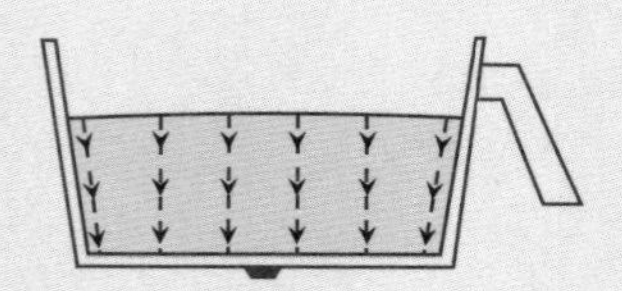

平底滤杯

图表⑨　对于理想咖啡渣而言，如果要从粉床表面任何一点开始画一条垂直线，终点是滤杯底部出口，那么每条线的长度都是一致的。需要注意的是，这些垂直线所代表的理想流动路径，它们只出现在流降阶段，在流降之前的流动路径是不稳定、不规则的。

* 既然水粉接触的时间相似，且粉床上都是通道，为何通道效应依然是个麻烦呢？原因在于，如果一个通道内的水量较大、速度较快，那么相应的经过这个通道的咖啡粉的萃取率会增加，而这种程度的增加远大于局部剧烈搅动带来的增加。

※ 如何定义理想咖啡渣的形状
How to Determine Ideal Bed Shape

公认的理想咖啡渣粉床的形状是这样的：从粉床的顶部到最终的滤杯底部出口，每条流动路径都是等距的。图表⑨展示了理想的咖啡渣形状。

滤杯杯壁上出现大量高挂风干咖啡粉，意味着萃取不均匀。

※ 高挂风干咖啡粉
High-and-Dry Grounds

最常见的不良咖啡渣形状就是咖啡粉床出现凹陷，滤杯杯壁上出现大量高挂风干咖啡粉（参见前一页的配图）。

我在咖啡店里买过的每一杯手冲咖啡或者用 Chemex 咖啡壶冲煮出来的咖啡，它们的咖啡渣粉床都有凹陷。在流降阶段，如果咖啡粉粘在滤杯杯壁上，那么这些咖啡粉的萃取率就小于下部的咖啡粉床。对于凹陷咖啡渣这种问题，咖啡师傅不可避免地要添加咖啡粉，有时添加量惊人，他们以此弥补凹陷区带来的较低的冲煮强度。增加了剂量的手冲咖啡，口感比较明亮但不平衡，同时也浪费了很多咖啡粉。

※ 各种渗滤冲煮方式与其理想咖啡渣形状
Percolation Methods and Their Ideal Bed Shapes

接下来说理想形状、有缺陷的形状，以及改善缺陷的方案。

平底滤杯

理想形状：咖啡粉床平整。

平底滤杯

问题：粉床边缘向上隆起。
解决方案：增加冲煮时间并且/或者调粗研磨刻度。如果依然无法解决问题，可能根源在于研磨机的磨盘过度钝化了。

平底滤杯

问题：注水喷头造成的明显的冲击凹陷。
解决方案：缩短冲煮时间。如果依然无法解决问题，可能是因为喷头堵塞，或者喷头自身设计不良导致注水过度集中在少数出口。

锥形与扇形滤杯

理想形状：粉床表面呈现为微微隆起的山丘状。

锥形与扇形滤杯

问题：咖啡粉床呈现凹陷或者 V 字形（即顶端出现高挂风干咖啡粉）。

解决主方案：如果使用垂直注水式自动滴滤机 (plumbed-in auto drip machine)，请增加冲煮时间。如果使用手动添水的家用自动滴滤机 (如 Technivorm®)，请通过添加温度较低的水来延长冲煮时间。如果手冲，请采取多频次的小剂量注水方式，以防止咖啡浆上升位置过高。

解决次方案：本方案适用于任何一种锥形滤杯。在最后一次注水结束后，立即开始搅拌咖啡浆。如果操作得当，最终的咖啡粉床就会呈现为平缓的山丘状，平坦状也是好的。若是凹陷的表面，则需要改进。

真空虹吸壶

因为设计不同，位于上壶的底部出水口有着不同的形状。最常见的是平坦的、盘形的过滤器，它的底部逐渐收拢成圆锥形。下文中的场景是基于这种设计。

真空虹吸壶

理想形状：粉床表面呈现为微微隆起的山丘状。

真空虹吸壶

问题：表面平坦，没有微微的隆起。
解决方案：流降阶段的搅拌力道大一些。

真空虹吸壶

问题：粉床中间高高隆起。
解决方案：流降阶段的搅拌力道轻一点。

真空虹吸壶

问题：粉床倾斜不对称。
解决方案：搅拌力道均匀且平滑。

新鲜熟豆与咖啡粉床形状

新鲜的咖啡熟豆在冲煮阶段会释放出更多的气体，制造出庞大的发泡层。冲煮期间，排气程度会影响渗滤时的水流路径和最终的咖啡粉床形状。不过，对于特定冲煮方式的理想咖啡粉床形状，不会因为排气量而受到影响。

使用浸泡式滤杯（steep-and-release brew）或者真空虹吸壶时，若想抵消排气带来的影响，可以多花一些时间拍打发泡层，并在流降时多用力搅拌（更多阐述，请参看第 9 章的“浸泡式滤杯的使用步骤拆解”）。

※06 自动滴滤咖啡机
AUTOMATIC DRIP

我在咖啡馆买到的那些滴滤咖啡中，十杯咖啡里有九杯都不让人满意。考虑到我已经扔掉了所有那些恼人的咖啡，而这样一杯咖啡通常也要花掉我 2 美元，换言之，为了买到那一杯美味的咖啡，我其实是付出了 20 美元。所以，我为您献上这一章，让你我都能少花冤枉钱。

※ 设备状态评估 Equipment Evaluation

想要制作出美味的咖啡，第一步是评估设备的安装与工作状态，以及下文中提及的各种要素。若没有得到及时调整，那么最终的咖啡品质会受到影响。

① 让机器保持水平状态

这事儿似乎是司空见惯的，但让机器保持水平状态的确是至关重要的。不幸的是，水平校正常被误解。也许你的柜台台面是水平的，咖啡机的顶端也处于水平状态，但是更为重要的是注水喷头和滤杯的底部是否也处于水平状态。如果注水喷头或者咖啡粉床不是水平状态，将会造成咖啡粉层某一侧的萃取程度高于另一侧，所以请从各个角度确认它们是否水平状态。如果无法验证注水喷头是否水平，那么就先煮咖啡，然后检查冲煮后的咖啡粉床，查看其中心地带是否有泡沫。

② 温度测量

我的建议是：使咖啡冲煮用水在离开注水喷头时的温度为 93 ～ 94℃。更重要的是，当咖啡粉彻底浸润打湿后，让咖啡浆的温度在整个冲煮期间都维持在 91 ～ 94℃。

③ 测量每次冲煮用水的水量

在我的个人经验里，大多数自动滴滤咖啡机的萃取问题都是源自注水量的错误。不要相信机器上显示的注水量。我们要做的是：每月至少测量一次注水量，建议测量水的重量。很多因素会导致机器的注水量出现变化，比如水垢的积累、水的化学反应、压力的变化以及机器故障。此外，如果在晚上关闭自动滴滤咖啡机，那么第二天早上冲煮咖啡时可能会出现注水过多的情况。我建议大家在第二天早上，先不加咖啡粉，让热水单独跑一遍冲煮流程；然后再开始正常冲煮咖啡流程。

④ 评估咖啡研磨器的磨盘使用寿命

请记住家中咖啡研磨器（磨豆机）的磨盘（刀盘）的建议使用寿命。当磨盘使用寿命过半时，请每周一次检测研磨器的出品质量。磨盘钝化之后会带来很多问题，比如研磨速度变慢、咖啡粉研磨过细或过粗、渗滤时间变长。影响磨盘使用寿命的因素有：自身的不同尺寸与材质、经常使用的研磨刻度，还有对萃取率的主观评价。一旦发觉磨盘表现不再令人满意，请及时更换。

⑤ 咖啡粉床的厚度

结合考虑滤杯与冲煮量（batch size），咖啡粉床的厚度应该介于 2 ~ 5 厘米之间。如果咖啡粉床比较薄，那么基本上肯定会造成过度的通道效应。如果咖啡粉床厚度超过 5 厘米，虽然也能做出萃取率和冲煮强度合适的咖啡，但是这需要借助兑水阀（bypass valve）。

※ 冲煮策略 Brewing Decisions

在使用自动滴滤咖啡机之前，咖啡师应该先决定好冲煮量、目标萃取率和冲煮强度。

① 冲煮量

几乎每一家我去过的咖啡馆都会遇到这个问题——单次冲煮时的冲煮量过高。结果就是，大多数顾客买到的咖啡已经放置超过 30 分钟。若咖啡馆想要提升品质，那么最简单且有效的方法就是提供新鲜的咖啡。而提供新鲜咖啡的代价仅仅是：频繁冲煮咖啡所花费的时间以及些许不便。在冲煮不是非常频繁的情况下，自动滴滤咖啡机的最佳冲煮量也是其最小冲煮量，即咖啡粉床的厚度至少 2 厘米。高于这个冲煮量会浪费咖啡粉，或者降低咖啡的新鲜度。

② 目标萃取率和冲煮强度

如果你不能确定你要的萃取率和冲煮强度，你就不知道要用什么冲煮水粉比。诸君可以多次试验，找出符合你个人偏好的各项参数。我的建议是从水粉比 17 ： 1 开始，尝试做出理想咖啡：萃取率为 19% ~ 20%，冲煮强度为 1.25% ~ 1.3%。

※ 如何设定自动滴滤咖啡机 How to Program an Automatic Drip Brewer

不同品牌的自动滴滤咖啡机的参数设定都不同。如果您的咖啡机没有调整功能，那你还可以按照以下的策略进行调整。

· 每次冲煮咖啡的水粉接触时间为 5 ~ 6 分钟。

· 在咖啡粉的预浸润阶段（prewet）结束后，咖啡浆应保持在浅薄状态，直到注水喷头完成注水。

· 冲煮之后，剩余的咖啡渣粉床应该呈现为平坦状，没有注水喷头造成的明显凹痕，同时滤杯杯壁上没有黏附高挂风干咖啡粉。

冲煮用水

冲煮用水（Brew Volume）就是每次冲煮花费的水量。如前文所述，最佳冲煮量也是最小冲煮量（即咖啡粉床的厚度至少 2 厘米），这能让咖啡有最佳新鲜度。

预浸润比例与预浸润静置

发生在冲煮咖啡的初始阶段，注入少量的热水使得咖啡粉湿润，这个阶段称为预浸润。预浸润静置（prewet delay）是指在预浸润阶段之后，暂不注入热水的暂停时间。

适当的预浸润能从两个方面提升萃取均匀度。首先，在预浸润静置期间，来自咖啡粉床中较为湿润区域的液体会因为毛细作用（capillary action）而移动到较为干燥的区域。这样在萃取开始之前，咖啡粉床的所有区域都会被浸润，这有助于提高萃取均匀度。

其次，在渗滤阶段开始之前，预浸润就能排出部分二氧化碳。通常这不是一个值得重视的考虑因素，但是对于咖啡馆来讲，它所研磨的咖啡粉来自烘焙完成不久的新鲜咖啡熟豆，这时，预浸润可有效遏制咖啡粉过于激烈地发泡。新鲜咖啡熟豆在冲煮阶段会释放出更多的气体，制造出庞大的发泡层。适度的发泡层不是问题，但是以下情况下，过度发泡会导致萃取不足。

- 发泡层与注水喷头的距离过近甚至触碰到注水喷头，或者发泡层导致咖啡浆满溢出滤杯。
- 过度的发泡层使得咖啡浆的位置上升过高，导致部分咖啡粉黏附在滤杯杯壁上。在流降阶段，这些高挂风干咖啡粉会停止萃取，而它之下的咖啡粉床被持续地萃取，于是高挂风干咖啡粉的萃取率低于下方的咖啡粉床，这就造成了萃取不均匀。

如何设定预浸润比例与预浸润静置

我的建议是：每 1 克咖啡粉用 2 毫升的水来浸润（即为 2mL/g，这是冲煮期间咖啡粉会吸收的水量）。对大多数冲煮公式（水粉比为 16 ：1 ～ 18 ：1）而言，预浸润用水量大约是冲煮用水总量的 11% ～ 13%。一旦预浸润比例超过 2mL/g，就会有额外的水穿过咖啡粉床（即便是 2mL/g 的预浸润比例，也会如此，难以避免）。预浸润静置通常是 30 ～ 60 秒，这由咖啡粉床的厚度决定，粉床越厚，需要的预浸润静置时间越长。

预浸润与预浸润静置发挥功效的前提是：所有的咖啡粉都处于被浸润状态中，是湿润的。如果预浸润阶段里的咖啡粉床没有被浸润，那么原因可能是：滤杯里的咖啡粉床不均匀、咖啡粉结块、咖啡机没有处于水平状态、预浸润静置时间太短、注水喷头没有均匀地将水撒在整个咖啡粉床上。

冲煮时间

冲煮时间指的是：单次冲煮量的冲煮用水被全部排出所用的时间总和，不包含预浸润静置的时间。几乎所有咖啡馆都会犯这样的错，错误地以为冲煮量越高就需要越长的冲煮时间，或者研磨越粗越需要更多的冲煮时间（在 Vince Fedele 纠正我之前，我也犯过这样的错）。真相是，在合理范围内，所有的冲煮量都能使用相同的研磨刻度和水粉比，并且制作出相同萃取率与冲煮强度的咖啡。

如果处理得当，我相信，即便是专业人士也不能分辨出冲煮量分别为 1.9 升和 5.7 升的咖啡的区别。为了达到这样的结果，在咖啡机和滤杯不变的情况下，越大的冲煮量所使用的冲煮时间应该越短。图表⑩是一个范例，展现的是不同大小的冲煮量所对应的冲煮时间。

有意思的是，我们注意到，当冲煮量为 4L 时，注水喷头的流动速度是 2L 时的两倍。越大的冲煮量所使用的冲煮时间越短。究其原因，大冲煮量时，冲煮用水需要更多时间去渗滤较厚的咖啡粉床，缩短冲煮时间抵消了液体通过咖啡粉床需要的额外时间，从而使得不同冲煮量的水粉接触总时间相同（见图表⑪）。

冲煮量	2L	3L	4L
冲煮时间	4:00	3:45	3:30

图表⑩　冲煮量与冲煮时间

冲煮量	2L	3L	4L
冲煮时间	4:00	3:45	3:30
时滞效应时间	1:00	1:15	1:30
总接触时间	5:00	5:00	5:00

图表⑪　冲煮量与冲煮时间

如果冲煮时间过长，就会造成萃取不均匀。如果冲煮时间太短，咖啡浆的上升位置过高，会造成部分咖啡粉高挂在滤杯杯壁上。如果咖啡浆不能保持水位，这时咖啡粉床顶部的萃取率就会高于底部的萃取率。此外，注水喷头更为接近咖啡粉床的顶部，也会导致过度萃取。理想的冲煮时间需要涵盖以下要素：咖啡浆保持浅薄状态，最后的咖啡渣粉床表面是平坦的，滤杯杯壁上没有挂在高处的咖啡粉，达到目标萃取率。

如果您的咖啡机的冲煮时间不可编程（比如，冲煮时间与冲煮用水量成正比），则每次使用不同冲煮量时都需要调整研磨刻度的设置，比如冲煮量越少，研磨刻度就该越细。这类咖啡机也能冲煮出高萃取品质的咖啡，但它的冲煮量选择范围很狭窄。

兑水

滴滤式咖啡机和滤杯的每种组合方式，都有一个能发挥它们最佳表现的、特定的冲煮量范围。这个范围内的最小冲煮量是：咖啡粉床的厚度最低为 2 厘米。随着冲煮量的增加，为了确保达到目标萃取率，你可以做的是：选择粗研磨刻度，或者缩短冲煮时间。若咖啡粉够粗，就能防止咖啡浆位置上升过高；若咖啡粉够细，就能得到适当的萃取率；如果咖啡粉不够粗也不够细，就需要把冲煮量的上限调高。

若想成功地冲煮出大冲煮量的（高于上限的冲煮量）咖啡，就需要用到兑水阀。兑水阀的作用是绕过滤杯，将一定比例的冲煮用水直接注入咖啡液中，进而稀释咖啡。用外行的话来解释兑水就是：先冲煮出浓郁的咖啡，再将热水注入咖啡壶，对咖啡进行稀释，类似于咖啡师制作美式咖啡的过程。如果兑水功能使用得当，那么使用兑水功能的咖啡和没使用此功能的咖啡并无二致。

兑水比例（bypass percentage）的含义是：通过兑水阀注入的水的占比。使用咖啡浓度分析仪 ExtractMoJo 可以计算出适当的兑水设定。如果你手边没有这个仪器，可以通过如下步骤得到适当的兑水比例。

- 首先准备好一壶正常冲煮量的咖啡，以它作为样本壶，它的风味和冲煮强度都是你希望通过兑水的方式达到的标准。
- 计算出兑水的大冲煮量高出样本壶的冲煮量多少的百分比。举例说明，如果样本壶的冲煮量是 100 盎司，兑水的大冲煮量是 150 盎司，那么就是高出 50%。
- 将兑水比例设定为增加的冲煮用水量的 33%。举例说明，50% 的 30% 就是 16.7%（0.33 X 0.5 = 0.167）。
- 按照样本壶所使用的水粉比和研磨刻度，冲煮大壶咖啡，使用 17%（将 16.7% 四舍五入取整）的兑水比例。
- 计算大壶咖啡的冲煮强度，品尝咖啡。
- 如果冲煮强度过高，提高兑水比例；如果冲煮强度过低，降低兑水比例。手边没有咖啡浓度分析仪 ExtractMoJo 等可以用来计算冲煮强度的工具时，同时品尝样本壶与大壶的咖啡，辨别哪种的冲煮强度较强。
- 重复上一步，直到达到理想冲煮强度。

滴滤延迟

滴滤延迟（drip delay）是一种安全措施，可以避免滤杯在冲煮期间移位，以致影响冲煮品质。滴滤延迟的时间设置：稍微超过所有咖啡液从滤杯流出的时间。

综合设置指南

图表⑫中的建议适用于冲煮量为 1.9 ～ 5.7 L 的商用自动滴滤咖啡机。

自动滴滤咖啡机的设置

冲煮量	2L	3L	4L
预浸润比例	12% ~ 15%	12% ~ 15%	12% ~ 15%
冲煮时间	3:45 ~ 4:15	3:15 ~ 3:45	3:15 ~ 3:45
兑水比例	0	0	17%
滴滤延迟	1:00	1:30	1:30

图表⑫　使用新鲜烘焙出炉的咖啡熟豆时，如果咖啡浆在萃取过程中上升位置较高，建议使用较长的预浸润比例。

※07 手冲咖啡
MANUAL DRIP

近些年来，手冲咖啡（Manual drip 或 pourover drip）越来越受欢迎。我认为这种强调现场接单定制咖啡（made-to-order coffee）的风潮早就该开始了。但是截至本书完成之时，我依然没有在咖啡店买到过一杯美味的手冲咖啡或是用 Chemex 手冲咖啡壶制作的咖啡，因为手冲咖啡的制作实在太具有挑战性了。

Chemex 手冲咖啡壶，好看，难驾驭。

※ 手冲咖啡的优缺点
The Benefits and Drawbacks of Manual Drip

手冲咖啡的优点是快速地提供新鲜美味的咖啡，它的缺点我们逐一阐述。

① 调平机器。
咖啡师的错误或不一致性，直接影响着手冲咖啡的品质，因为冲煮量小，所以在计算咖啡粉量、水量或者搅拌时，即便出现一点看似微不足道的不一致，它的影响也会在最后的成品中被最大化。举例说明，将 20 克咖啡豆放入研磨机，但只得到了 19 克咖啡粉*，这导致 5% 的咖啡干重消失。仅是这 5% 的误差，就会对咖啡风味与冲煮强度造成非常明显的影响。

② 高挂风干咖啡粉的问题。
我在咖啡馆里买过的每一杯手冲咖啡，都存在着咖啡粉高挂风干的问题。唯一能预防此类情况的方法是：不要让咖啡浆上升位置过高，或者在流降阶段频繁地搅拌咖啡浆。

③ 很难保持适当或稳定的萃取温度。
如果希望咖啡浆在特定的温度下进行萃取，那么手冲壶内的水温必须比咖啡浆的目标温度高出 3 ~ 4℃）。同时，由于手冲咖啡的顶端是开放式的，这意味着让咖啡浆始终维持在特定温度都是不可能的。咖啡师必须将咖啡浆的目标温度设置成一个温度范围。随着热水的注入，咖

* 通常，少量的咖啡粉会黏附在研磨机内，研磨机内剩余的咖啡粉数量会随着机器每次的使用而增加或减少。

啡浆的温度会上升，然后缓慢下降，直到下一次注水再开始回升。图表 ⑬ 是一个典型的示范案例，足以说明温度不稳定的影响，基本参数是：做一杯量的手冲咖啡，使用 22 克咖啡粉和 382 毫升冲煮用水。[17]

通常，我不会一次性完成注水，仅是为了展示案例才会如此。达到均匀萃取的必经之路是缓慢地注水，同时这也会导致咖啡浆在萃取早期的温度更低。

图表⑭是一个典型的示范案例，足以说明咖啡浆的温度变化的影响。同样是做出一杯量的手冲咖啡，此表的咖啡粉水用量与图表⑬相同，不同的是，先注入 40 毫升的水作预浸润，剩余的水则分成等量的四次，且都要快速地注入。[17]

※ 手冲咖啡步骤拆解
How to Make a Great 1-Cup Pourover

① 选择水粉比 16 ∶ 1 到 18 ∶ 1 这个范围，冲煮用水的水量不要超过 473 毫升。
② 测量咖啡豆重量，然后研磨。完成研磨后，再一次测重。确保两次测重数值的差距在一克之内。
③ 放置滤杯，加入滤纸。将热水注入滤杯，预热整个冲煮系统。倒掉预热用水。
④ 将咖啡粉倒在滤纸上，轻轻摇晃滤杯，直到滤杯内的咖啡粉表面呈现平坦状态。
⑤ 设定好冲煮用水的量。测量水温时，最好是使用保温效

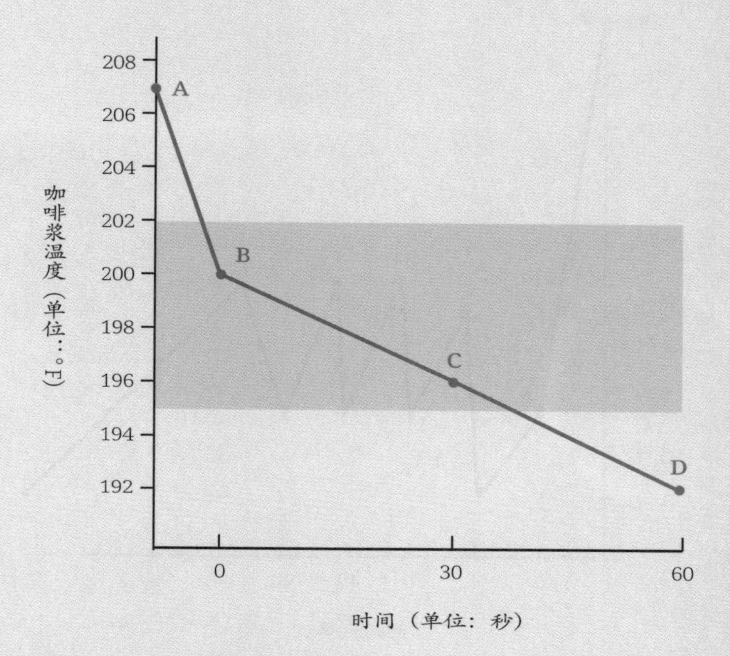

图表⑬

A：手冲壶内的起始水温是 207°F（97°C）。
B：冲煮用水被倒出来时温度就开始下降，接触到咖啡粉之后继续降温。当所有的冲煮用水与咖啡粉接触时，咖啡浆的温度是 200°F（93°C）。
C：30 秒之后，咖啡浆的温度下降到 196°F（91°C）。
D：60 秒之后，咖啡浆开始渗滤，同时降温，温度降至 193°F（89°C）。

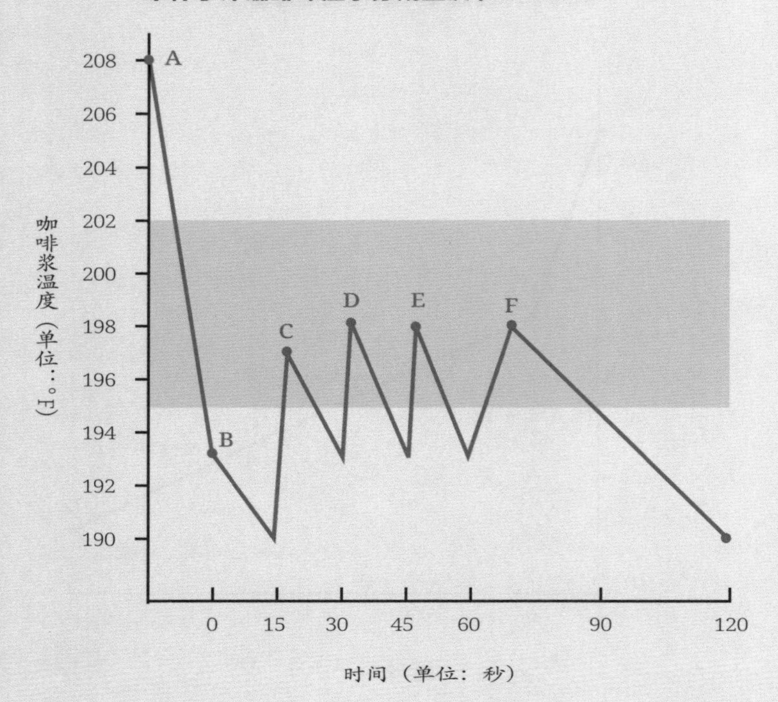

图表⑭
A：手冲壶内的水温起始是 208° F（98°C）。
B：预浸润之后，咖啡浆的初始温度是 193° F（89°C）。
C：15 秒后开始萃取，咖啡浆的温度是 190° F（88°C），在第二次注水完成后，咖啡浆的温度回升到 197° F（92°C）。
D、E、F：咖啡浆的温度在 193° F ~ 198° F（89°C ~ 92°C）波动。从最后一次注水直到萃取完成这段时间里，咖啡浆的温度稳定且持续下降。

果较好的容器。* 手冲壶内的水温，应该比咖啡浆的目标温度高出 3 ～ 4℃。

⑥ 当 10% ～ 15% 的水开始与咖啡粉床接触时，立即开始搅拌。这能有效防止咖啡粉结块，确保咖啡粉能几乎同时开始萃取。

⑦ 分次进行小剂量的注水，让咖啡浆的温度与厚度保持在稳定状态。不要往咖啡粉床的边缘注水，否则会引发通道效应。注水时保持一定高度，这样能在咖啡粉床上造成足够的扰流，进而提高萃取均匀度。

⑧ 最后一次注水完成后，轻轻搅拌咖啡浆。如果处理得当，在所有的液体渗透穿过咖啡粉床之后，咖啡粉床应该会呈现出平坦或微微隆起的山丘状。

※ 手冲咖啡守则 Pourover Principles

冲煮任何一种形式的手冲咖啡时，请谨记以下几个守则。

① 在注水开始的几秒内，立即浸润打湿整个咖啡粉床，防止咖啡粉结块。

② 萃取过程中，让咖啡浆的温度保持在 91 ～ 94℃。

③ 确保所有的咖啡粉都浸泡于咖啡浆内，保持液态状，直到流降的最后一秒。

④ 最后留下的咖啡粉床呈现出平坦或微微隆起的山丘状。

* 另一种方法是：将整个设备一起过秤称重，然后设备重量清零，另外用一个装满热水的大壶分次注水。当秤上显示到达预定用水量时，停止注水。这个方法有助于维持手冲壶内水温的稳定性，但是，因为咖啡浆的蒸发作用，结果依然可能会有变化。

①
在倒入咖啡粉之前，先要对滤纸和锥形滤杯进行预浸润和预热。

②
在第一次注水过程中搅拌咖啡浆，防止咖啡粉结块。

⑤
当咖啡粉黏附在滤杯壁上时，轻轻搅拌咖啡浆。

⑥
滤杯壁上不应该留有大量咖啡粉残渣。

③
多次且少量地注水，避免咖啡浆
一下子升温过高。

④
每次注水都要确保咖啡浆上升到
相同的高度。

⑦
留下的咖啡粉床呈现出平坦状，
滤杯壁清爽干净。

※08 法压壶与 Café Solo 咖啡壶

FRENCH PRESS AND EVA SOLO CAFÉ SOLO

同为浸泡式咖啡冲煮方式，法压壶与 Eva Solo 品牌的咖啡壶 Café Solo 均可制作出醇厚度高、风味纯净度低的咖啡。大多数法压壶制作出来的咖啡的醇厚度高于 Café Solo 咖啡壶。也有一些法压壶的过滤网更细密，所以能制作出风味纯净度适中的咖啡。

使用法压壶与 Café Solo 咖啡壶时，有一个步骤很重要但是总被忽视，那就是保持发泡层处于湿润状态。当庞大的发泡层不被干预时，上层的发泡层的萃取率就会低于下层的咖啡浆的萃取率。原因有二，首先，发泡层顶部的咖啡粉与冲煮用水接触机会相对少，所以萃取速度相对较慢；其次，发泡层顶部温度相较而言较低。

左图：法压壶
右图：Café Solo 咖啡壶

为了提高萃取的一致性，可以反复拍打发泡层，直至其中的气体消散。用汤勺轻轻拍打发泡层，并将它不断下压，这样萃取程度就是可预测且可复制的。如果剧烈地搅拌发泡层，那么萃取程度会变得不可预测。

以下是两种不太费力，同时效率也较低的发泡层浸泡方法。

- 下压法压壶的滤网，直至刚好足以浸润发泡层的位置
- 使用法压壶或 Café Solo 咖啡壶时，先将大约一半的冲煮用水注入咖啡粉上，充分搅拌，让咖啡粉结块全部消失。30 秒后，注入剩余的冲煮用水。第二次注水可以排出大部分残留在发泡层中的气体。

用汤勺轻轻拍打发泡层

从 Café Solo 咖啡壶倒出咖啡时，顺着它的径向轴线（radial axis）一边旋转咖啡壶，一边倒出液体。

※ 法压壶或 Café Solo 咖啡壶的使用步骤拆解

How to Make French Press and Café Solo Coffees

① 将热水注入壶内，进行预热。

② 测量咖啡豆重量，然后研磨。完成研磨后，再一次测重。确保两次测重数值的差距在一克之内。

③ 倒掉预热用水，将咖啡粉倒入壶内。

④ 设定好冲煮用水的用量，在将它注入壶内之前测量水温，确保用量与水温都达到预设标准。注水之前的水温

①
壶内的冲煮用水的水温，应该比咖啡浆的目标温度高出 3 ~ 4℃。

②
注水完成后立即用汤勺力道轻柔地反复拍打发泡层，将它不断下压浸润。

应该比咖啡浆的目标温度高出 3 ～ 4℃ 。

⑤ 注水，计时器设定为 3 ～ 5 分钟。

⑥ 力道轻柔地用汤勺反复拍打发泡层，将它不断下压浸润。在不搅动咖啡浆的状态下，带动发泡层在壶内不同的区域旋转。

⑦ 盖上壶盖或滤网。如果是法压壶，下压法压壶的滤网，直至刚好浸润发泡层的位置。

⑧ 计时器响起时，下压法压壶的滤网到底，倒出咖啡；或直接从 Café Solo 咖啡壶倒出咖啡。使用 Café Solo 咖啡壶时，顺着它的径向轴线一边旋转咖啡壶，一边倒出液体，这样做可以防止咖啡渣堆积，妨碍乃至堵塞咖啡液体通过滤网流出。

③
下压法压壶的滤网，直至刚好浸润发泡层的位置。

④
下压法压壶的滤网到底，倒出咖啡。

※09 浸泡式滤杯

STEEP-AND-RELEASE BREWING

截至本书撰写之时（2010 年），浸泡式滤杯正越来越受欢迎，它的萃取过程始于浸泡阶段，然后，经过流降（滴滤）阶段得以完成。浸泡式滤杯受欢迎是值得的，因为相较于手冲，浸泡式滤杯能轻松地制作出萃取均匀的、高品质的咖啡。

使用浸泡式滤杯时，咖啡师先将咖啡粉放入滤杯内，再将水注入咖啡粉之上，随后是咖啡粉和水的浸泡时间。预定的浸泡时间完成后，咖啡师将滤杯放置在空杯子之上，然后打开滤杯底部的阀门（有些设备设置了阀门开关）。阀门打开后，滤杯内的咖啡被排空，如此就从浸泡阶段进入了滴滤阶段。

※ 研磨刻度与浸泡时间的选择
Choosing a Grind Setting and Immersion Time

使用传统的咖啡冲煮水粉比时，如果要用浸泡式滤杯制作高品质的咖啡，那么研磨刻度范围就很窄。如果咖啡粉过细，即便没有浸泡时间，也会在流降过程中造成过度萃取。从另一方面来讲，如果不能在 5 ~ 6 分钟内达到 19% ~ 20% 的萃取率，那意味着咖啡粉研磨过粗。还有人觉得，能在 4 ~ 5 分钟内达到 19% 的萃取率的咖啡粉依然太粗了，因为，5 分钟的萃取过程会造成热能流失过多。

在这两个极端案例中间，依然存在着一个研磨区间，虽然小，但是它能在 2 ~ 4 分钟内制作出萃取率为 19% ~ 20% 的咖啡。用外行的话来说，这个咖啡粉研磨区间介于意式浓缩和自动滴滤机之间。

※ 浸泡式滤杯的使用步骤拆解
How to Use a Steep-and-Release Brewer

① 将滤纸放入滤杯。用热水冲刷滤纸，预热滤杯。
② 测量咖啡豆重量，然后研磨。完成研磨后，再一次测重。确保两次测重数值的差距在一克之内。
③ 倒掉预热用水。
④ 将咖啡粉倒入滤杯。
⑤ 设定好冲煮用水的用量，在将它注入滤杯之前测量水温，确保用量与水温都达到预设标准。注水之前的水温应该比咖啡浆的目标温度高出 3 ~ 4℃。
⑥ 当水粉开始接触时，开始计时，计时设定为 3 ~ 4 分钟。
⑦ 注水的同时，用汤勺搅拌咖啡浆，以免咖啡粉结块。
⑧ 用 30 秒的时间持续地拍打发泡层，直到它收缩成一层薄薄的湿润泡沫（这一步骤对于咖啡馆而言有点太过烦琐）。
⑨ 注水结束，盖上滤杯杯盖。
⑩ 计时器响起来时，立即开始充分地搅拌咖啡浆，确保不会有咖啡粉残留在滤杯的杯壁之上。
⑪ 把滤杯放置在空杯子之上，然后将滤杯底部的阀门打开。在流降过程初始，短暂而充分地搅拌咖啡浆。*

* 使用较细的研磨刻度时，或者新鲜出炉的咖啡熟豆时，咖啡粉黏附在滤纸高处的概率会增加。对于此，咖啡师需要在流降阶段加强搅拌，以避免此情况的发生。

⑫ 流降过程中，盖上滤杯杯盖。

⑬ 冲煮完成后，残余的咖啡粉床应呈现为径向对称（radially symmetrical）状态，或者平坦状态，或者一个微微隆起的小山丘状态，这取决于滤杯的形状。

①
加入干爽的咖啡粉之前，对滤纸和滤杯进行预热。

②
注水的同时进行搅拌，以免咖啡粉结块。

③
流降过程初始时，短暂而充分地搅拌咖啡浆，防止咖啡粉黏附在滤纸上。

④
在流降过程中，滤纸的纸壁要保持清爽。

⑤
剩余的咖啡粉床呈现出微微隆起的山丘状。

※10 真空虹吸咖啡

VACUUM POT (SIPHON) COFFEE

就咖啡萃取过程而言，真空虹吸壶和浸泡式滤杯类似，皆始于浸泡阶段，然后经过流降滴滤阶段得以完成。真空虹吸壶和浸泡式滤杯的原理一致，但是真空虹吸壶需要倾注更多注意力，使用更多技巧。

※ 对真空虹吸咖啡的迷信 Siphon Superstition

许多咖啡专业人士对如何妥善制作出真空虹吸咖啡感到困惑。坦白讲，我并没见到过哪一个咖啡师能在没有点儿运气加持的情况下，通过某种方法稳定地制作高品质的真空虹吸咖啡。时至今日，人们对真空虹吸咖啡的理解依然是近乎迷信的。比如，在一篇经常被引用的、发表于 2008 年的《纽约时报》的文章中，一家知名咖啡公司的老板说：“在搅拌不超过四圈并且不触碰玻璃壶身的情况下，创造出一个深深的漩涡。姿势至关重要。”一位咖啡烘焙界的新贵宣称，他家有专为真空虹吸而烘焙的咖啡豆。在一次贸易展览上，我还遇到过一个“日本真空虹吸咖啡冠军”的现场演绎，我观察到，他的萃取率毫无规律。

※ 真空虹吸壶的工作原理
How Vac Pots Work

制作真空虹吸壶咖啡的物理过程或许有点复杂，但这个过程并不神秘，一杯好咖啡和你的姿势无关，也不需要手工雕刻的竹质搅拌棒，或者巫术般的搅拌方式。与其他的咖啡冲煮方式一样，一杯来自真空虹吸壶的咖啡要成为好咖啡的基础也是合理的萃取率、适当的温度、咖啡粉床的每个区域都得到均匀的萃取。

当上壶被安装在下壶之上时，便形成一个完整的、封闭的系统。下壶之内含有水、空气和水蒸气。随着加热，下壶开始升温，这时壶内的空气和水蒸气的压强开始增加。当下壶内的压强超过 1 个大气压时，下壶内的水会向上而行，穿过玻璃导管进入上壶。注意，下壶内的水不需要进入沸腾状态就能让压强超过 1 个大气压。

一旦下壶内的水位降至上壶的玻璃导管以下时，下壶就不再是封闭状态。此时，下壶内的水也有可能开始沸腾，空气和水蒸气从下壶逸出。随着空气和水蒸气逸出，产生更多的水蒸气，下壶中的水蒸气与空气的比率随之增加。水蒸气与空气的比率达到临界值之后，就形成真空状态，这时流降就开始了。下壶内的初始水位越低，达到临界值所需的浸泡阶段用时就越长。

当下壶的热源被移开之后，下壶内的水蒸气开始冷却凝结，内部压力开始减小。当内部压力低于外部压力时，液体开始被迫流入下壶。

上壶的壶壁在流降过程中会产生摩擦力。液体会试图寻找出阻力最小的流动路径，摩擦力导致液体集中在上壶的中间区域。我的建议是：在流降初期轻轻搅拌，将边缘的咖啡粉带到中间区域。适当的搅拌将重新平衡阻力，改善萃取的均匀性。

※ 真空虹吸壶使用步骤拆解
How to Make Consistently Excellent Vac Pot Coffee

截至本书完成之时，大多数的咖啡师在制作真空虹吸咖啡时会大幅增加咖啡粉用量，因为他们错误地以为使用高粉水比能达到足够的冲煮强度，从而避开过度萃取带来的苦味和涩味。于是，这些咖啡师做的真空虹吸咖啡会非常酸。其实只要按照我提供的制作方法，你不必增加咖啡粉用量就能做出美味的咖啡。如下步骤需要准备好数显温度计（digital thermometer）和可调节的热源。同时，我也提供了在无法调节热源的情况下的替代方案。

① 测量咖啡豆重量，然后研磨。完成研磨后，再一次测重。确保两次测重数值的差距在一克之内。

② 将沸腾的水注入下壶，这一步旨在预热下壶。

③ 将预热用水倒出，再将设定好用量的冲煮用水倒入下壶。* 以刚沸腾的水为佳。

④ 将下壶置于热源之上，开始加热。为了找到最佳的加热设定，必然要经历多次试验。

⑤ 将滤网放入上壶，检查滤网是否位于中央位置、是否处于水平状态。

⑥ 检测温度，当下壶的水温达到预定温度，也称为上架温度（the mounting temperature），此时安装上壶。确认上壶处于水平状态。上壶安装妥当后就形成了一个封闭系统。这时，下壶内的水向上而行，进入上壶。在室温状态下，下壶的上架温度必须是沸腾或是几近沸腾的状态，这样才能使得上壶的水温稳定地维持在 93 ~ 94℃。

⑦ 让上壶的水温稳定在比你设定的咖啡浆目标温度高 0.5℃的状态。我建议的咖啡浆温度区间是 91 ~ 94℃。多加练习就能找出热源设定与预定温度的组合规律，这样才能使上壶内的水快速地进入稳定的预定温度。在整个加热与冲煮过程中都使用一个热源设定，能保证成果的稳定性。

⑧ 设置计时 1 ~ 3 分钟，将咖啡粉倒入水中，同时立即使用汤勺或搅拌棒进行搅拌，确保咖啡粉全部处于浸泡状态。这个步骤的目的是：在避免剧烈搅拌的状态下，尽快地浸泡所有咖啡粉。

⑨ 持续地拍打发泡层，直到它收缩成一层薄薄的湿润泡沫。此过程应该保持在 30 ~ 40 秒。这个步骤的目的在于：有效地收缩发泡层，同时避免上壶中产生过度的扰流。

* 如果您计划的浸泡阶段时间短（比如少于 2 分钟），我建议注入下壶的水量至少高于下壶的三分之二的水位。下壶中的水越少，就需要越长的时间去创造足够的真空，以确保水位下降过程强劲又可靠。

⑩ 当计时器响起来时，请小心地将真空虹吸咖啡壶从热源处移走。

⑪ 等到咖啡液在下壶出现，开始搅拌上壶内的咖啡浆。充分搅拌，当流降完成的时候，残余的咖啡粉床会出现一个微微隆起的小山丘，并且咖啡粉不会残留在上壶的壶壁之上。

⑫ 测量整个流降过程的用时。如果仔细按照上述步骤操作，那么整个流降过程用时不过几秒。

①
检测温度。

②
将上壶松散地放置在下壶上，这可以让加热过程加速。

③
当下壶内的水位降至上壶的玻璃导管以下时，将咖啡粉倒入上壶。

④
通过搅拌，让全部咖啡粉都能尽快湿润。

⑤
持续地拍打发泡层，直到它收缩成一层薄薄的湿润泡沫。

⑥
发泡层内的气体几乎完全排出。

⑦
当计时器响起来时，请小心地将真空虹吸咖啡壶从热源处移走。一旦咖啡液出现在下壶，立即开始搅拌上壶内的咖啡浆。

⑧
图中剩余的咖啡渣是匀称的，厚度略高于理想状态。

※ 当加热源不可调时
Using a Non-adjustable Heater

如果你使用的加热源是不可调节的，比如简易型油灯或蜡烛，你可以在冲煮之前调整灯芯的长度，较长的灯芯会产生较多的热量；也可以调整灯芯到下壶底部的距离，以改变传递到真空虹吸壶的热量。通过反复试验与纠错，即使加热源不可调节温度，也能轻松达到理想的上架温度，确保上壶的浸泡温度是稳定的。

※ 问题与解决方案
Troubleshooting

以下是使用真空虹吸壶时经常遇到的问题与解决方案。

问　　题：上壶内的水一直不够热。
解决方案：重新开始。需要提高上架温度或者热源的设定。

问　　题：上壶内的水一直过热。
解决方案：重新开始。需要降低上架温度或者热源的设定。搅拌壶内的水也有降温作用。

问　　题：流降阶段开始过早。
解决方案：检查是否处于密封状态。如果确认是密封状态，重新开始，提高热源的设定。

问　　题：真空状态不甚理想。
解决方案：延长浸泡时间，或者增加冲煮量（大于真空虹吸壶的常规容量）。

※ 真空虹吸壶的滤网选择 Vac Pot Filters

真空虹吸壶的滤网有很多不同种类，材质涵盖金属、纸张、布料和蚀刻玻璃。虽然有多种选择，但是滤网材质对真空虹吸咖啡的冲煮品质的影响是比较小的。

布料质地的滤网是最受欢迎的，但是，它有极大风险会污染咖啡的风味。布质滤网需要你尽最大努力确保它的清洁，最终也会因为磨损而更换。我建议诸位在使用真空虹吸壶时使用纸张质地的滤网，特别是忙碌的咖啡馆。真空虹吸壶的纸质滤网质地轻薄，价格合理，用完即弃，不需要清洁，这样就不存在污染咖啡风味的风险了。

※11 水的化学反应

WATER CHEMISTRY

在我们讨论咖啡冲煮用水的化学反应之前，先复习一些基本术语：

- 溶解固体总量（TDS）：在一定量的水中，所有溶解于其中的、尺寸小于 2 微米的物质的总量。测量单位是：毫克 / 升（mg/L）或百万分之一（ppm）。
- 酸碱度（pH）：通过氢离子浓度得出酸度的一种测量方式。pH 为 7.0 是中性标准。
- 酸（Acid）：酸碱值小于 7.0 的溶液。
- 碱（Alkaline）：酸碱值大于 7.0 的溶液。
- 硬度（Hardness）：可溶解于水中的钙离子与镁离子（正离子）的数量，单位是毫克 / 升（mg/L）。
- 碱度（Alkalinity）：溶液与酸中和的能力，它能阻止自身变得更酸。单位是毫克 / 升（mg/L）。

※ 碱、碱度与硬度 Alkaline, Alkalinity, and Hardness

人们经常混淆碱与碱度，这其实是两个不同的概念。碱是指酸碱值大于 7.0 的溶液。碱度是指在加入酸性物质后，溶液所具有的阻止自身变得更酸的能力。一杯溶液可以是高碱性的，同时也是低碱度的，反之亦然。

碱度与硬度也令人困扰。我使用“硬度”这个词，以它指代镁离子与钙离子共同作用产生的硬度，这种硬度也被称为“临时硬度”（temporary hardness）。随着加热这种硬度的水，镁离子与钙离子会沉淀，于是水的硬度会降低。碱度的来源是碳酸盐和碳酸氢盐阴离子（带负电的离子），所以，有时碱度又被称为“永久硬度”（permanent hardness）。

※ 理想冲煮用水的标准 Brewing Water Standards

我建议的理想咖啡冲煮用水标准如图表⑮所示。

	建议用水	
	建议范围 *	不当行为对咖啡的影响程度
溶解固体总量（TDS）	120 ~ 130 ppm（mg/L）	太低：风味粗糙，缺乏口感； 太高：风味混乱且乏味
酸碱值	7.0	太低：酸度较高且有明显的未熟酸感； 太高：乏味
硬度	70 ~ 80（mg/L）	太低：口味淡薄且缺乏层次感； 太高：就像吃粉笔
碱度	50（mg/L）	太低：酸度较高且有未熟酸感； 太高：乏味平淡

图表⑮
想冲煮出一杯风味平衡的咖啡，图表中的是推荐参考数值，并非绝对性的。话虽如此，如果冲煮用水与这些数据差异很大的话，咖啡品质不会太理想。

* 一杯煮好的咖啡中，冲煮用水本身的化学成分为这杯咖啡所贡献的固体物质只有 1% 或更少，所以忽略冲煮用水的 TDS 贡献量是可行的。

※ 水垢 Scale

水经过加热后，水中的碳酸钙（$CaCO_3$）就会沉淀并形成水垢。各种咖啡冲煮方式使用的器具之中受水垢影响最大的是意式浓缩咖啡机。因为机内的蒸汽锅炉的加压环境会使水温超过 100℃，降低了水溶解碳酸钙的能力，增加了水垢形成的概率。不过，即便是非加压型咖啡冲煮器具，水垢也依然是一个麻烦。

一杯水的水垢沉淀与否，决定因素是水的化学成分与温度。朗格利尔饱和指数（Langelier Saturation Index，LSI）可以用来判断水垢产生的可能性。LSI 通过 TDS、硬度、碱度、酸碱度和温度来计算确定水中碳酸钙的饱和度。一般说来，LSI 指数解读如下：

>0: 碳酸钙会沉淀并形成水垢。

0: 碳酸钙不会沉淀，也不会溶解。

<0: 碳酸钙会溶解。

更多对 LSI 的阐述就超出本书讨论范畴了。网络上有很多关于 LSI 的有趣又免费的讨论，有兴趣的话不妨去搜索看看。

※ 水的处理方式
Water Treatment

水的过滤与处理有很多方法，均可改变水的化学成分。与其在本书中详述众多方案，我的建议是：咨询至少三家不同的水处理公司，以了解可供选择的方案。咨询时，要让对方知晓你所预期的水质。水处理公司的建议通常是“太干净”，不适合咖啡冲煮。这些公司可能知晓通过防止水垢来保护机器的方法，但他们不知道咖啡冲煮的理想用水的化学成分。我认为，水处理公司应该提供免费检测水质的服务；它们应该积极参与讨论，并为客户提供关于理想水质的各种技术建议。

※12 咖啡熟豆的储存

BEAN STORAGE

“咖啡熟豆的保存需要阴凉、避光、干燥的环境”，这是每个咖啡业界人士都知道的储存建议。它的确是很好的建议，因为炎热、光线、潮湿都会加速熟豆的氧化，缩短它的使用寿命。[11]

另一个为人熟知且有争议但同时也是正确的建议是：“烘焙好的咖啡豆，如果不在一两周之内食用*，那么就该冷冻起来**。”冷冻是很好的长期保存方式，它能显著地减缓氧化，并阻止挥发性物质的流失。[1] 与大众认知相反的是，烘焙后的熟豆内的水分不会因为低温而冻结，因为这种水分已经与纤维素基质产生了化学连接。[16]

正确的咖啡熟豆冷冻方式是：将其装入可密封的塑料袋，并尽可能地将袋内气体挤压排除。最重要的是，每次只取用需要的用量，不要每次都把整包拿出来解冻然后再冷冻。所以更为理想的方式是：事先将咖啡豆按照一壶或一杯的单次冲煮用量进行分装，再将它们一起放入冷冻库。

刚烘焙好的咖啡熟豆中所含二氧化碳与其他气体是其整体重量的 2%。在烘焙完成后的几周之内，豆内压力会缓慢地释放出这些气体，这就是解除吸附（desorb）。

在烘焙完成后 12 小时之内，豆内压力高到足以阻止氧气进入豆内。此后，氧化作用会使得咖啡熟豆开始老化，风味也会随之流失。

烘焙方式会影响咖啡熟豆内的气体成分、内部压力、排气率。

* 有些精致的包装方法也可以有效地延长咖啡熟豆的使用寿命，比如真空罐，这种没有氧气的储存方式很有效。从技术上讲，它可能是最佳存储方式，但它较为昂贵，且需要专门的设备。

** 温度低于 0℃时，咖啡熟豆并没有被“冷冻”，因为它们内部已经不含可供冷冻的水分。为了方便起见，我仍然将这种储存方式称为“冷冻”。

烘焙温度较高，或者烘焙程度较深时，会产生更多气体、更大豆内压力，以及更大的细胞结构带来的更大的孔洞。

以上因素会导致较快的解除吸附，加速熟豆的老化。我个人不赞成为了延长熟豆上架寿命而改变烘焙方式，但我们仍需要知道的是：深度烘焙熟豆的排气与老化都比浅度烘焙的更快。

影响咖啡熟豆排气的因素还有烘焙发展（development）。如果发展不完全，咖啡豆内的部分纤维结构会依旧强韧且无孔洞，这样就会造成气体被困于咖啡豆内腔。装袋后，如果熟豆没有明显的排气现象，有可能是烘焙发展程度不够的征兆。

以下的熟豆储存选项，我将逐一说明其优缺点。

- 非密封包装
- 充氮气阀袋
- 真空密封气阀袋
- 气阀袋
- 真空压缩袋
- 充氮压缩包装
- 冷冻包装

非密封包装

如果被储存在非密封的包装袋或有气体的容器（比如有盖子的桶）之中，咖啡熟豆的老化会加速。所以最理想的使用方式是：在烘焙完成后的两到三天内食用。

充氮气阀袋

加入氮气后，气阀袋内咖啡熟豆的氧化可能性降低到近乎为零。虽然能限制氧化，但是它对防止豆内压力导致的气体排出的效果甚微。在烘焙完成数日或数周之后再打开封口，这时熟豆的老化速度远高于刚烘焙好的新鲜熟豆，因为这时没有了阻止氧气进入的内部气压。比如，在气阀袋内储存一周的熟豆会保持新鲜，但是如果敞开封口一整天，那么其老化程度无异于非密封包装一周的熟豆。

真空密封气阀袋

它能大幅减少袋内咖啡熟豆的氧化，延缓风味的流失。

气阀袋

在精品咖啡业界，它已经成为业界标准。这种包装既能让内部气体排出，又能阻止外部气体进入，所以能让袋内咖啡保鲜数周。数周之后，最明显的变化是二氧化碳和香气散失。二氧化碳的散失对意式浓缩咖啡的影响尤为明显，因为萃取出来的意式浓缩咖啡会缺乏油脂层（crema）*。

* crema，意式浓缩咖啡表层所漂浮的那一层厚厚的泡沫。

真空压缩袋

现在只有极少数咖啡烘焙师会使用它。虽然它能降低氧化作用，但是豆内压力导致的排气会使得包装袋膨胀起来，难以储存与管理。

充氮压缩包装

这是最佳咖啡储存方式。加入氮气后，袋内咖啡熟豆的氧化可能性几乎为零。对压缩包装（通常是罐子）进行加压，能防止豆内气体逸散。此外，如果将这样包装的熟豆放置于低温环境（越低温越好）中能延缓熟豆的老化。用这样的方式保存，能使咖啡豆在烘焙完成数月之后依然保持新鲜。

冷冻包装

虽然依然有人对这种方式持怀疑态度，但是冷冻包装对于咖啡熟豆的长期储存非常有效。冷冻包装能降低 90% 的氧化速度，并延缓挥发。
无须担心新鲜烘焙好的熟豆内部水分会冻结，因为这些水分已经与豆内纤维基质结合，所以无法被冻结。最佳冷冻包装方式是：将咖啡熟豆以单份（一壶或一杯的量）封入真空压缩袋，然后进行冷冻。使用时，从冷冻库取出所需用量，静置至室温，然后再打开包装进行进一步的研磨。

《咖啡冲煮控制表》的错误

许多版本的《咖啡冲煮控制表》都可通过网络下载并打印，但某些版本含有错误。不幸的是，错误的版本会导致萃取率与冲煮强度的计算错误。造成错误的因素有如下三项：

① 重量与体积的单位换算

绝大多数的控制表以体积单位（加仑、液体盎司与升）计算水量，以重量单位（克、常衡盎司）计算咖啡粉用量。将体积与重量混合使用会引发问题，因为水的密度会随着温度而变化。相较于93℃的热水，从水龙头流出的冷水的密度就高出了4%。因此，相较于将热水直接注入咖啡粉和将相同体积的冷水倒入自动滴滤机（或用热水壶加热），后者会有更高的萃取率和较低的冲煮强度。

② 公制与美制单位的转换

体积与重量涉及公制单位与美制单位的转换，并不像看起来那么简单。公制与美制单位这两个系统所校准的温度是不同的。在公制系统中，水的重量与体积是1：1（1克=1毫升），这里是冷水状态下，并非热水状态。在美制系统中，水的重量与体积是1：1（1常衡盎司=1液体盎司），这适用于温度很高的水（参见图表⑯）。因为这些单位换算的问题，《咖啡冲煮控制表》唯有在实际冲煮水温与控制表一致时才会精确有效。我的建议是：诸君要以重量单位来测量咖啡粉和用水，这样能避免单位混用所引发的问题。

	重量和体积，公制和美制单位转换	
	冷水 (15°C)	冲煮温度 (93°C)
1升	999.04克	962.86克
1加仑	133.4盎司	128.57盎司

图表⑯

我诚挚地感谢Vince Fedele教会我读懂它们的关系。

③ 可溶解性固体的混乱

在 20 世纪 90 年代，美国精品咖啡协会（SCAA）“更新”了《咖啡冲煮控制表》，但表中的垂直轴（纵轴）出现了错误：纵轴上错误地将冲煮强度 1.1%、1.2%、1.3% 转化成 TDS（溶解性固体总量）1100ppm、1200ppm、1300ppm。这个错误是严重的。当冲煮强度为 1.1% 时，相应的 TDS 则是 11000ppm，而不是 1100ppm。同样地，冲煮强度为 1.2% 时，相应的 TDS 则是 12000ppm；冲煮强度为 1.3% 时，相应的 TDS 则是 13000ppm，以此类推。当美国精品咖啡协会（SCAA）在教授金杯认证课程（Golden Cup Certification）时，错误引发的影响被放大了。协会在课堂上教授学生们以冲煮完成的咖啡的 TDS，减去冲煮用水的 TDS，以此计算出有多少咖啡固体在冲煮过程中溶解。举例说明：

咖啡的 TDS= 1250
减去冲煮用水的 TDS=150
等于萃取出来的 TDS=1100（参见图表 ⑰ 中的 A 点）

让我们做个假设，如果一个学生在制作一杯咖啡时采用 55g/L 的冲煮水粉比（每 55 克咖啡粉用 1 升冲煮水），该生用《咖啡冲煮控制表》评估冲煮状态，得出 17.6% 的萃取率，这个数据通常属于萃取不足状态。于是，该生会被指导去使用研磨更细的咖啡粉，以此达到 1400 的 TDS，这样减去冲煮用水中的 TDS 就能达到咖啡冲煮的甜点（sweet spot），也就是《咖啡冲煮控制表》的中央地带，萃取率 20% 对应 TDS 数据 1250（参见图表 ⑰ 中的 B 点）。

然而事实真相是，原本的冲煮状态已经非常接近《咖啡冲煮控制表》的中央地带了。

咖啡的 TDS= 12500
减去冲煮用水的 TDS=150
等于萃取出来的 TDS=12350（参见图表 ⑱ 中的 C 点）

萃取出来的 TDS 是 12350，萃取率是 19.8%。换言之，在这个例子中，这个学生因为错误的教导而舍弃了原本萃取状态

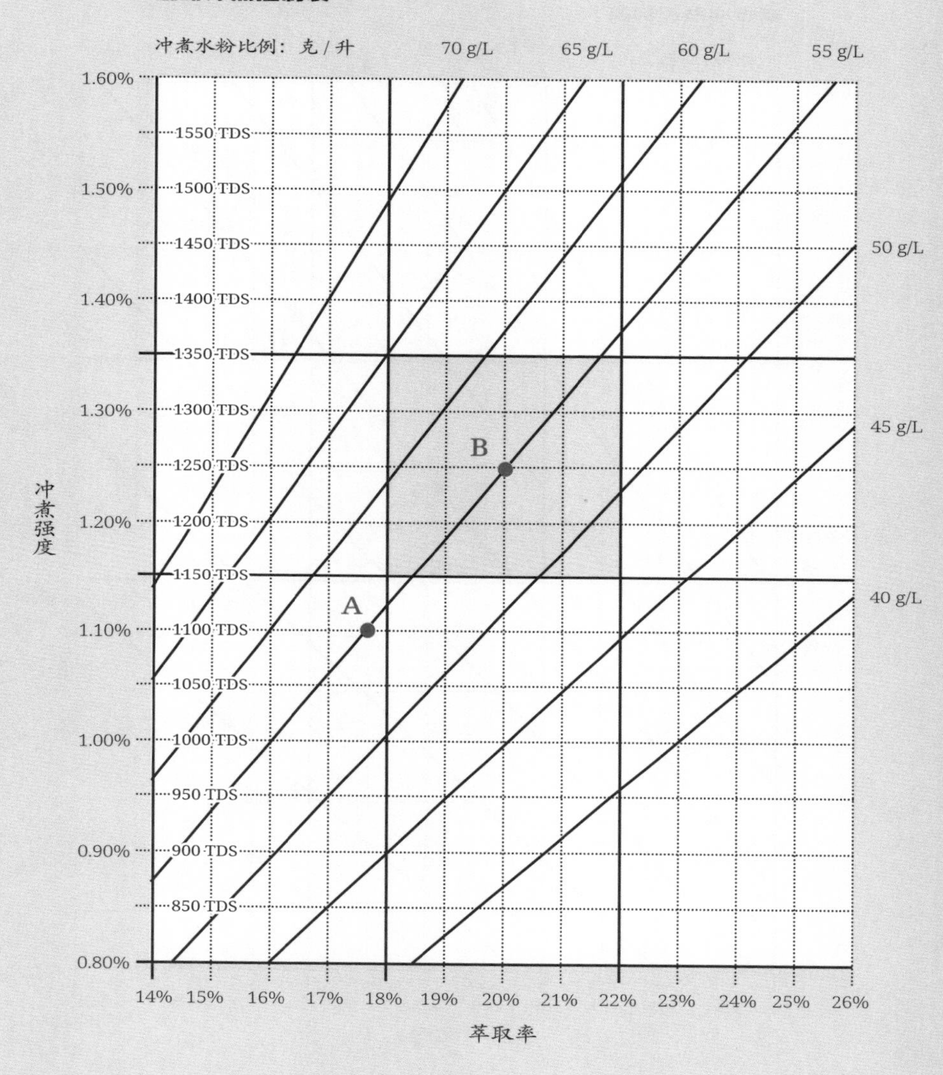

图表⑰
请注意，这个图表保留了错误的纵轴的数值（即1200TDS，正确数值应该是12000TDS），这样保留是为了指出美国精品咖啡协会（SCAA）的错误。

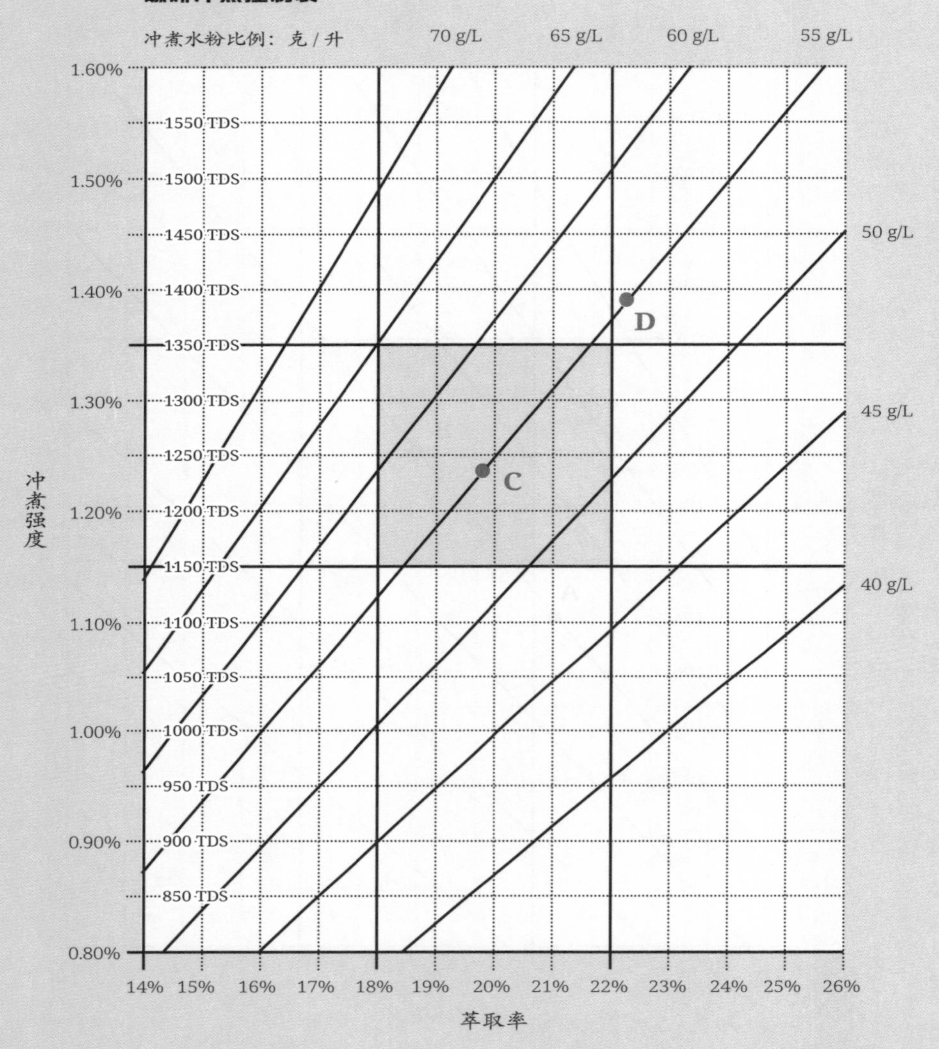

图表⑱　虽然这个图表的标识经过修正，但依然不够精确。因为该图表是在温度为 60℃的情况下绘制的。根据精确的 ExtractMoJo 图表，如果在温度为 93℃时测量冲煮水的体积，萃取率约为 19.4%。

良好的咖啡，转而投向了一杯过度萃取的咖啡（参见图表⑱中的 D 点）。

多年来，因为笃信美国精品咖啡协会（SCAA）的标准指南，我一直不断重复类似错误，并不断自我反省。当我开始自己做研究与试验时，为了测量 TDS，我把冲煮完成的咖啡进行烘箱干燥，我意识到事有蹊跷。从我写第一本书开始，我就在修正这个错误，我也希望咖啡业内的大小协会也能参与到修正中来，这才是真正帮助协会会员与学生们。最近的消息是，SCAA 终于修正了错误。在 2009 年，它重新刊印了《咖啡冲煮控制表》并在其官网发售，同时，它认证了 SCAA 协会版本的 ExtractMoJo。

冲煮强度

		水粉比例范围 可计算萃取率：18% ~ 21% 可计算冲煮强度：1.2% ~ 1.5%			
		萃取率			
		18%	19%	20%	21%
冲煮水粉比例	1:14	**1.48**			
	1:15	**1.37**	**1.44**		
	1:16	**1.27**	**1.34**	**1.41**	**1.48**
	1:17		**1.25**	**1.32**	**1.38**
	1:18			**1.23**	**1.30**
	1:19				**1.22**

图表⑲　在这个《水粉比例表》所显示的水粉比例范围之内，冲煮出强度为 1.2%~1.5%，萃取率为 18% ~ 20% 的咖啡。可将这个图表当作方便使用的速查表，帮助你在冲煮咖啡时快速地计算出理想萃取率。

温度换算 Temperature Conversions

华氏温度 fahrenheit	摄氏温度 celsius
℃	℉
212	100.00
211	99.4
210	98.9
209	98.3
208	97.8
207	97.2
206	96.7
205	96.1
204	95.6
203	95.0
201	94.4
200	93.9
199	93.3
198	92.8
197	92.2
196	91.7
195	90.6

图表⑳　华氏度与摄氏度转换表

参考资料
REFERENCES

1 Sivetz, M.; Desrosier, N.W. (1979) *Coffee Technology*. Avi Pub., Westport, CT.

2 Cammenga, H.K.; Eggers, R.; Hinz, T.; Steer, A.; Waldmann, C. (1997) Extraction in coffee-processing and brewing. *17th ASIC Colloquium*.

3 Ephraim, D. (2003) Coffee grinding and its impact on brewed coffee quality. *Tea and Coffee Trade Journal*. 177 (11).

4 Lingle, T. (1996) *The Coffee Brewing Handbook*. Specialty Coffee Association of America, Long Beach, CA.

5 Mateus, M.-L.; Champion, D.; Liardon, R.; Voilley, A. (2007) Characterization of water mobility in dry and wetted roasted coffee using low-field proton nuclear magnetic resonance. *Journal of Food Engineering*. 81, 572–579.

6 Clarke, R.J.; Macrae, R. (1987) *Coffee. Volume 2: Technology*. Elsevier Applied Science, New York, NY.

7 Heiss, R.; Radtke, R.; Robinson, L. (1977) Packaging and marketing of roasted coffee. *8th ASIC Colloquium*.

8 Schwaner-Albright, Oliver. (2008) At last, a $20,000 cup of coffee. *New York Times* (Jan. 23).

9 Peters, A. (1991) Brewing Makes the Difference. *14th ASIC Colloquium*.

10 Schulman, Jim.

11 Labuza, T.P.; Cardelli, C.; Anderson, B.; Shimoni, E. (2001) Physical chemistry of roasted and ground coffee: shelf life improvement for flexible packaging. *19th ASIC Colloquium*.

12 Smith, A.; Thomas, D. (2003) The infusion of coffee solubles into water: effect of particle size and temperature. Department of Chemical Engineering, Loughborough University, UK.

13 Anderson, B.; Shimoni, E.; Liardon, R.; Labuza, T. (2003) The diffusion kinetics of CO2 in fresh roasted and ground coffee. *Journal of Food Engineering*. 59, 71–78.

14 Mateus, M.L.; Rouvet, M.; Gumy, J.C.; Liardon, R. (2007) Interactions of water with roasted and ground coffee in the wetting process investigated by a combination of physical determi- nations. *Journal of Agricultural and Food Chemistry*. 55 (8), 2979–2984.

15 Schenker, S.; Handschin, S.; Frey, B.; Perren, R.; Escher, F. (2000) Pore structure of coffee beans affected by roasting conditions. *Journal of Food Science*. 65 (3), 452–457.

16 Harris, Brian.

17 Measurements taken by the author 2008–2009.

18 Norwegian Coffee Association website.

19 Specialty Coffee Association of Europe website.

20 Personal communications with Vince Fedele.

专有名词
GLOSSARY

酸
Acid
酸碱值小于 7.0 的溶液。

酸度
Acidity
咖啡口感中的清晰度、强度、酸度或活力感。

搅拌
Agitation
物理上的搅动动作，或环境的晃动。

碱
Alkaline
酸碱度大于 7.0 的溶液。

碱度
Alkalinity
溶液中和酸的能力。

涩感
Astringent
咖啡入口后引发口腔干燥、皱缩的触觉，通常是因为单宁的缘故。

香气
Aroma
一种通过嗅觉系统被识别的特质。

自动滴滤咖啡机
Automatic drip
一种滴滤式的咖啡冲煮设备，该机器会在咖啡粉床上方用重力注入近乎沸腾的水。

发泡 / 闷蒸
Bloom
热水与咖啡粉接触后驱使咖啡粉中的气体排出，从而形成咖啡粉、气体、水的混合物。

醇厚度
Body
饮用饮料时，舌头所感受的饮品的重量感与饱满度。

粗粒
Boulders
咖啡粉的粒径分布中远大于平均值的咖啡粉。

冲煮胶质
Brew colloids
冲煮完成的咖啡中悬浮着的、直径小于一微米的不可溶物质，由油脂和咖啡细胞壁碎片组成。

冲煮公式
Brewing formula
参见冲煮水粉比 Brewing ratio 词条。

冲煮水粉比
Brewing ratio
制作一杯咖啡时，水与干燥咖啡粉的比例。

冲煮强度
Brew strength
一杯咖啡中，可溶性固体的浓度。

冲煮时间
Brew time
自动滴滤机完成一次冲煮所需的时间，不包含预浸润静置所用时间。

注水量
Brew volume
自动滴滤机完成每次冲煮所需的用水量。

兑水比例
Bypass percentage
通过兑水阀而注入的水所占的比例。

兑水阀
Bypass valve
一种阀门，在滴滤过程中用于将预先设置好比例的水注入咖啡。

Café Solo 咖啡壶
一种浸泡式咖啡冲煮器材，通过金属质地的粗网过滤器来分离咖啡与咖啡粉。

毛细作用
Capillary action
液体在多孔材料的孔隙中移动的方式。

通道
Channel
液体高速流动穿过咖啡粉床时的路径。

Chemex 咖啡壶
一种沙漏形状的、手冲咖啡设备，使用一种厚厚的专利滤纸，能制作出提纯的、口感清爽的咖啡。

浓度梯度
Concentration gradient
咖啡粉与周围液体之间的浓度差。

接触时间
Contact time
也可称为停留时间，咖啡粉和冲煮水保持接触的时间。

脱气 / 排气
Degassing (outgassing)
烘焙后的熟豆释放的气体，尤指二氧化碳。

扩散
Diffusion
流体从高浓度区域流向低浓度区域。

流降
Drawdown
发生于渗滤式咖啡冲煮中，因为排水所带来的水位下降与对咖啡粉的渗透现象。

滴滤延迟
Drip delay
一种安全措施，用来确保咖啡滴滤过程中，过滤器材不会被扯动移位。

萃取
Extraction
从咖啡粉中提取物质的过程。

萃取百分比 / 萃取率
Extraction percentage
从咖啡粉中溶解提取出来的物质总量在咖啡液体总量中所占的比例。

细粉
Fines
通过研磨产生的微小的咖啡豆的细胞壁碎片。

细粉迁移
Fines migration
咖啡冲煮过程中，当热水浸透咖啡粉床时，同时也带动了咖啡细粉的移动。

风味
Flavor
物质的味道与气味组合而成的综合体验。

风味纯净度
Flavor clarity
咖啡风味的微妙之处能被辨别出来的容易程度。

法压壶
French press
一种浸泡式冲煮咖啡的工具，通过下压滤网使得冲煮出来的咖啡液与咖啡渣分离。

硬度
Hardness
可溶解于水中的钙离子与镁离子（正离子）的数量，单位是毫克 / 升（mg/L）。

散热器
Heat sink
一种能吸取热能的结构和介质。

高挂风干咖啡粉
High-and-dry grounds
咖啡冲煮过程中，在过滤阶段完成之前，黏附于过滤杯杯壁上的咖啡粉。

浸泡
Immersion
咖啡冲煮过程中，咖啡粉与热水进入混合状态之后，保持混合状态一定的时间，然后再分离成咖啡渣与咖啡液。

不可溶性
Insoluble
不能溶解于水中。

朗格利尔饱和指数
Langelier Saturation Index (LSI)
一种指标，用于展示水中碳酸钙的饱和度。

手冲咖啡
Manual drip (pourover)
通过过滤来冲煮咖啡的各种不同方式之中，需要以人工方式为咖啡粉注入热水的方式统称为手冲。

上架温度
Mounting temperature
用虹吸壶冲煮咖啡时，下壶内的热水温度达到了可以安装上壶的温度。

口感
Mouthfeel
饮品引发的口腔内的触觉感知。

排气
Outgassing
详见 Degassing 词条。

过度萃取
Over-extraction
制作一杯茶或咖啡时，从咖啡粉中萃取出来的物质总量超过了所需要的量。

咖啡粉的粒径分布
Particle size distribution
磨碎的咖啡颗粒大小尺寸的分布状态，以质量或数量来表示。

渗滤
Percolation
水从多孔的介质中通过。

酸碱度
pH
一种计算溶液酸性或碱性程度的方式。

手冲
Pourover
详见 Manual drip 词条。

预浸润静置
Prewet delay
在预浸润阶段之后，暂停注入热水。

预浸润
Prewet
发生在冲煮咖啡的初始阶段，注入少量的热水使得咖啡粉湿润。

折射率
Refractive index (nD)
光束在进入物质时弯曲或折射的程度。测试溶液的折射率时，直接相关的因素是它的密度和浓度。

咖啡浓度分析仪
Refractometer
一种仪器，可以用来计算溶液的折射率。

水垢 Scale
水解析出来的沉淀物，由碳酸钙组成。

咖啡浆 Slurry
也称为水与咖啡粉的混合物。咖啡粉、气体、用于冲煮用途的液体混合后的混合物。

可溶性 Soluble
咖啡中物质可溶解于水中的化学特性。

比表面积 Specific surface area
单位质量的物质所具有的表面积。

浸泡式滤杯 Steep and release
一种冲煮咖啡的设备，使用过程为先浸泡再过滤。过滤阶段始于打开滤杯底部的阀门那一刻。

味道 Taste
舌头接收到的风味。

溶解固体总量 Total dissolved solids (TDS)
在一定量的水中，所有溶解于其中的、尺寸小于 2 微米的物质的总量。测量单位是：毫克 / 升（mg/L）或百万分之一（ppm）。

湍流 Turbulence
咖啡冲煮过程中，咖啡粉、水和蒸汽三者之间的混沌混合的过程。

萃取不足 Underextraction
制作一杯茶或咖啡时，从咖啡粉或茶叶中浸取出来的物质总量低于理想状态。

增加剂量 Updosing
使用高于咖啡水粉冲煮比例标准的量（同样多的水，但使用更多的咖啡粉）。

真空虹吸壶 / 塞风壶 Vacuum Pot (also known as vac pot or siphon)
一种冲煮咖啡的装置，由上壶、下壶和两者之间的过滤网组成。用热源装置加热下壶内的水，随后不断累积的压力会将下壶内的水推入上壶。水进入上壶后，开始与上壶内的咖啡粉混合，混合一直持续到移走下壶下的加热装置。当下壶开始冷却时，下壶内的水蒸气也将冷凝，并形成真空状态。真空的虹吸作用把已经煮好的咖啡拉回下壶，同时将咖啡渣分离出去。

挥发性芳香物质 Volatile aromatics
提供咖啡香气的可溶解气体。

图书在版编目(CIP)数据

专业咖啡师手册.1, 手冲、法压和虹吸咖啡的专业制作指导 / (美)斯科特·拉奥(Scott Rao)著；顾晨曦译．—重庆：重庆大学出版社，2023.9
(万花筒)
书名原文：Everything but Espresso: Professional Coffee Brewing Techniques
ISBN 978-7-5689-4050-4

Ⅰ．①专… Ⅱ．①斯… ②顾… Ⅲ．①咖啡—配制—手册 Ⅳ．①TS273-62

中国国家版本馆CIP数据核字(2023)第126451号

专业咖啡师手册Ⅰ：手冲、法压和虹吸咖啡的专业制作指导
ZHUANYE KAFEISHI SHOUCE .1, SHOUCHONG、FAYA HE HONGXI KAFEI DE ZHUANYE ZHIZUO ZHIDAO

[美]斯科特·拉奥　著
顾晨曦　译

策划编辑：张　维
责任编辑：李佳熙
责任校对：谢　芳
责任印制：张　策
书籍设计：臧立平 @typo_d

重庆大学出版社出版发行
出版人：陈晓阳
社址：(401331)重庆市沙坪坝区大学城西路21号
网址：http://www.cqup.com.cn
印刷：天津图文方嘉印刷有限公司

开本：787mm × 1092mm　1/16　印张：8.5　字数：103千
2023年9月第1版　2023年9月第1次印刷

ISBN 978-7-5689-4050-4　定价：88.00元